教育部"卓越工程师教育培养计划"
地质调查"松辽盆地资源与环境深部钻探工程" 项目资助
钻探工程技术专业卓越工程师教育培养实训指导教材

钻具设计基础与实践

ZUANJU SHEJI JICHU YU SHIJIAN

胡郁乐　张　惠　段隆臣　编著

中国地质大学出版社
ZHONGGUO DIZHI DAXUE CHUBANSHE

内 容 提 要

该书汇编了非常实用的计算机系列绘图和设计工具,融合了石油及地质岩心钻探的标准和规范,补充了金属材料加工和热处理基础,融入了钻探钻具设计和测绘方法,兼备了工具手册的功能。该书作为教学与实践内容融合的一种尝试,旨在助力卓越学生快速成才,也期待为同行提供有益的参考。

图书在版编目(CIP)数据

钻具设计基础与实践/胡郁乐,张惠,段隆臣编著.—武汉:中国地质大学出版社,2016.8

(钻探工程技术专业卓越工程师教育培养实训指导教材)

ISBN 978-7-5625-3893-6

Ⅰ.①钻…
Ⅱ.①胡…②张…③段…
Ⅲ.①钻具-教材
Ⅳ.①P634.4

中国版本图书馆 CIP 数据核字(2016)第 200688 号

钻具设计基础与实践	胡郁乐 张 惠 段隆臣		编著
责任编辑:陈 琪	选题策划:徐蕾蕾		责任校对:张咏梅
出版发行:中国地质大学出版社(武汉市洪山区鲁磨路388号)			邮政编码:430074
电 话:(027)67883511	传 真:67883580	E-mail:cbb@cug.edu.cn	
经 销:全国新华书店		http://www.cugp.cn	
开本:787mm×960mm 1/16		字数:282千字	印张:11
版次:2016年8月第1版		印次:2016年8月第1次印刷	
印刷:荆州鸿盛印务有限公司		印数:1—500册	
ISBN 978-7-5625-3893-6			定价:38.00元

如有印装质量问题请与印刷厂联系调换

《钻具设计基础与实践》
编委会成员

胡郁乐　　张　惠　　段隆臣　　王鲁朝

刘狄磊　　朱旭明　　刘乃鹏　　赵小军

郑明艳　　龚建武

参编单位

湖北省产品质量监督检验研究院鄂州分院

前　言

教育部"卓越工程师教育培养计划"(简称"卓越计划"),是贯彻落实《国家中长期教育改革和发展规划纲要(2010—2020 年)》和《国家中长期人才发展规划纲要(2010—2020 年)》的重大改革项目,也是促进我国由工程教育大国迈向工程教育强国的重大举措。该计划旨在培养造就一大批创新能力强、适应经济社会发展需要的各类型高质量工程技术人才,为国家走新型工业化发展道路、建设创新型国家和人才强国战略服务。

客观地讲,高等学校(简称高校)课堂教学主要是实现人才培养的渐进性和知识体系的完整性,但在知识能力素质的融合性上表现不足,缺乏实践的贯通性,学生被动学习较为突出,容易造成工程教育与社会需求脱节的现象。教育部"卓越计划"旨在借鉴世界先进国家高等工程教育的成功经验,通过教育和行业、高校和企业的密切合作,以实际工程为背景,以工程技术为主线,实现教学与市场的接轨,缩短学生走入社会的"磨合期"。培养学生的工程意识、工程素质和工程实践能力,为培养高素质的"动手型"专业人才服务。

勘查技术与工程专业(简称勘查专业)作为一个与国民经济建设紧密结合的工科专业,实践教学不可或缺。但是"书上得来终觉浅""尽信书不如无书"。倾听式的、与实践脱节的教学,其实际培养效果不尽人意。勘查专业又是学科交叉最多的专业之一,涉及机、电、液技术,与地学领域以及材料技术、机械加工技术等息息相关,同时,钻探领域的工艺方法和机具具有多样性,因此,一名卓越的专业人才,学习的载体也必须从教科书转向丰富多彩的社会实践，教师"笔耕舌种"的传统教学模式需要发生改变。通过该实践教材抛砖引玉的引导媒介作用，有利于拓宽学生的知识面，有利于夯实专业基础，有利于提高学生理论联系实际的能力，有利于学生对专业知识的修正和再认识，有利于学生在实践中形成自己的经验，并去解决实际问题，有利于培养学生的创新能力。

该教材基于专业所需，汇编了非常实用的计算机系列绘图和设计工具，融合了石油及地质岩心钻探的标准和规范，补充了金属材料加工和热处理基础，融入了钻探钻具设计和测绘方法，兼备了工具手册的功能。从形式上看，该书章节貌似彼此独立，关联性不强，实际上勘查专业卓越人才的培养需要融会贯通，打通"任督二脉"。该书作为教学实践内容融合的一种尝试，旨在助力卓越学生快速成才，也期待为同行提供有益的参考。

本实践教材中第一章、第二章、第三章第一节、第六章、第七章第一节和第二节以及第八章由胡郁乐编写；第三章第二节部分内容及第四章由朱旭明编写；第五章由赵小军编写；第七章第三至第四节由无锡钻探工具厂刘狄磊和山东省第三地质矿产勘查院王鲁朝提供资料编写；第三章第三节的图由研究生刘乃鹏绘制。在本书的编写过程中，得到了张惠和段隆臣教授的指导。同时感谢张晓西教授的全力支持和帮助！

由于时间仓促，专业跨度较大，标准规范不断更新，技术日新月异，内容很难全面顾及，不足之处敬请同行批评指正！

编著者
2015 年 11 月

目 录

第一章 钻具标准规范概要 …………………………………………… (1)
第一节 钻具设计加工的参考标准与规范 ……………………………… (1)
第二节 数据表 …………………………………………………………… (3)

第二章 钻具螺纹设计基础 …………………………………………… (26)
第一节 地质岩心钻探管材螺纹 ………………………………………… (27)
第二节 API 钻具接头螺纹 ……………………………………………… (42)

第三章 取心钻具结构设计基础 ……………………………………… (50)
第一节 影响岩心采取率的钻具结构要素 ……………………………… (50)
第二节 典型取心钻具的结构特点 ……………………………………… (52)
第三节 钻具设计实例 …………………………………………………… (59)

第四章 SolidWorks 软件实训 ………………………………………… (67)
第一节 用 SolidWorks 绘制螺纹 ……………………………………… (67)
第二节 用 SolidWorks 绘制异形弹簧 ………………………………… (79)
第三节 卡簧的绘制实例 ………………………………………………… (84)
第四节 敞口薄壁取土器的绘制实例 …………………………………… (92)
第五节 SolidWorks 有限元分析方法实训 …………………………… (99)

第五章 ANSYS 软件在钻具设计中的应用实训 …………………… (104)
第一节 ANSYS 软件简介 ……………………………………………… (104)
第二节 钻杆接头螺纹的分析实训 ……………………………………… (106)

第六章 测绘工具及零件测绘 ………………………………………… (117)
第一节 量具及其使用 …………………………………………………… (117)

第二节　零件的测绘……………………………………………………(126)

第七章　钻杆生产工艺………………………………………………………(130)
　　第一节　热处理及其实例………………………………………………(130)
　　第二节　钻杆成型与加工工艺…………………………………………(136)
　　第三节　绳索取心钻杆普车工艺………………………………………(139)
　　第四节　绳索取心钻杆关键技术………………………………………(143)

第八章　金刚石钻头的设计和制造…………………………………………(148)
　　第一节　孕镶金刚石钻头设计基础……………………………………(148)
　　第二节　金刚石钻头生产的主要设备…………………………………(152)
　　第三节　孕镶金刚石钻头的设计………………………………………(154)
　　第四节　孕镶钻头的制造工艺…………………………………………(162)

主要参考文献…………………………………………………………………(166)

第一章 钻具标准规范概要

第一节 钻具设计加工的参考标准与规范

钻具是地表钻杆以下至钻头以上各部分工具的总称。钻具是钻探过程中最薄弱的环节,承受拉、压、扭、弯、振、冲等交变力以及内压和外压等复合应力的作用,处于频繁拧卸、液流冲刷、振动、磨损、腐蚀等恶劣的工作环境之下,因此最容易发生断、脱、裂、涨、粘扣、泄漏、刺漏等复杂情况,甚至造成复杂的井内事故。制定相关标准规范有利于强制约束,也有利于规范钻具行业的通用性和置换性。

钻探应用领域非常广泛,涉及的规范标准也较多。我国自有的标准制定较晚,地质勘探行业的《地质岩心钻探规程》是经过多轮修改并于 2010 年正式发布的。国际上影响较大的相关标准有美国金刚石岩心钻探设备制造商协会 DCDMA(Diamond Core Drill Manufacturers Association,USA)制定的标准、美国长年(宝长年,Boart Longyear)公司制定的 Q(CQ)系列钻具标准以及美国石油学会 API(American Petroleum Institute)制定的标准。钻具设计与加工时,采用的标准会涉及材料选用标准、材料试验方法标准、制造标准和钻探行业各种标准。根据卓越实践的需要,本书遴选标准如下:

1. DZ/T 0227—2010《地质岩心钻探规程》
2. GB 3423—1982《金刚石岩心钻探用无缝钢管》
3. GB/T 9808—2008《钻探用无缝钢管》
4. GB/T 16950—1997《金刚石岩心钻探钻具设备》
5. GB/T 16951—1997《金刚石绳索取心钻探钻具设备》
6. DCDMA《金刚石岩心钻机制造者协会标准》
7. YB 235—1970《地质钻探用钢管》
8. DZ 1.1~1.3—1984《地质岩心钻探管材螺纹》
9. GB/T 5796.2—1986《梯形螺纹直径与螺距系列》
10. DZ 2.1—1987《地质钻探金刚石钻头》
11. DZ 2.2—1987《地质钻探金刚石扩孔器标准》

12. DZ 1.5—1986《地质岩心钻探管材螺纹检测方法》
13. DZ 10—1982《单动双管结构标准》
14. GB/T 18376.2—2001《硬质合金牌号 第2部分:地质、矿山工具用硬质合金牌号》
15. DZ/T 0107—1994《水文水井钻探用钻杆》
16. MT/T 521—2006《煤矿坑道钻探用常规钻杆》
17. API Spec 7—2006 或 GB/T 9253.1—1999《旋转钻杆构件规范》
18. API Spec 5D—2009《钻杆规范》
19. API Spec 5B—1996 或 GB/T 9253.2—1999《石油天然气工业套管、油管和管线管螺纹的加工、测量和检验》(美制单位)
20. API Spec 5CT—2005《套管和油管规范(ISO 11960—2004)》(第8版)
21. SY/T 5144—2007《普通钻铤、螺旋钻铤、无磁钻铤石油行业标准》
22. AISI (American Iron and Steel Institute,美国钢铁学会)《钢材系列标准》
23. SY/T 5146—2006《加重钻杆石油行业标准》
24. SY/T 5561—2008《石油行业摩擦焊接钻杆》
25. SY/T 5290—2000《石油行业接头》
26. GB/T 4749—2003《石油钻具接头螺纹量规》
27. GB/T 9253.1—1999《石油钻杆接头螺纹》
28. API RP 5B1—1999《套管、油管和管线管螺纹测量和检验》
29. ISO 6892-1—2009《金属材料 临界温度拉伸试验》
30. ISO 9303—1989《压力用途的无缝钢管和焊接(埋弧焊除外)钢管 检测纵向缺陷用全周边超声波试验》
31. ISO 9934-1—2001《无损检测 磁粉检测 第1部分:普遍原理》
32. GB/T 3934—1983《普通螺纹量规》
33. GB/T 10932—1989《螺纹千分尺》
34. GB/T 15756—1995《普通螺纹极限尺寸》
35. JB/T 7981—1999 或 GB 9055—1988《螺纹样板》
36. GB/T 5796.1~GB/T 5796.4—1986《梯形螺纹》
37. GB/T 8124~GB/T 8125—1987《梯形螺纹量规》
38. GB/T 4749(APISPEC(8.9))《石油钻杆接头螺纹量规》
39. ASTM A370—2012《表面硬度钢产品力学性能试验方法和定义》
40. ISO 6506-1—2005《金属材料 布氏硬度试验 第1部分:试验法》
41. GB/T 230.1—2009《金属洛氏硬度试验 第1部分:试验方法》
42. GB/T 231.1—2009《金属材料布氏硬度试验 第1部分:试验方法》

43. GB/T 4340.1—2009《金属材料维氏硬度试验 第1部分:试验方法》
44. GB/T 2985—1998《钢及钢产品力学性能试验取样位置及试样制备》
45. GB/T 228—2002《金属材料室内拉伸试验方法》
46. JB/T 6050—2006《钢铁热处理零件硬度测试通则》

第二节 数据表

本实验教材为兼顾工具书的功能,收集了部分常用的数据表,包括钻具规格和技术参数表、国内主要钻具厂家的产品性能列表、材料选择和性能要求列表等(表1-1至表1-41)。

表1-1 金刚石钻头及扩孔器规格

型号	规格
单管钻头/扩孔器	Φ46、Φ56、Φ59、Φ75、Φ91、Φ110、Φ130、Φ150、Φ170、Φ200、Φ219、Φ325、AW、BW、NW、HW、PW
双管钻头/扩孔器	Φ56、Φ59、Φ75、Φ91、Φ110、Φ130、Φ150、Φ200
绳索钻头/扩孔器	S56、S59、S75、S95、BQ、NQ、HQ、PQ、NQ3、HQ3、PQ3(3层管)
薄壁钻头、套管钻头	Φ73、Φ89、Φ108、Φ127、Φ146、S59、S75、S95、BQ、NQ、HQ、PQ、AW、BW、NW、HW、PW

注:薄壁钻头和套管钻头内腔可直接通过钻具。

表1-2 绳索取心钻具辅具

名称	规格	备注
手搓式提引器	S56、S59、S75、S75A、S95、S95T、S95A、BQ、NQ、HQ、PQ、CBH、CNH、CHH、CPH、CNH(T)、CHH(T)、S122	可直接与钻杆连接
卡槽式提引器	Φ65:10t、30t、40t、60t;Φ75:10t、30t、40t、60t	需配提杆接头使用
爬杆式提引器	N口径:10t、30t、40t、60t;H口径:10t、30t、40t、60t;P口径:10t、30t、40t、60t	需配蘑菇头使用
水龙头	Φ50、Φ50II、Φ42—50、Φ89、Φ121、Q系列水龙头	
绳索绞车	SJC-1000、SJC-1500、SJC-2000、SJC-3000	可选电机或柴油机动力
自重夹持器	S75、NQ/Φ71、S95、HQ/Φ89、PQ/Φ114	加强型,深孔使用
木马夹持器	S56、S59、S75、S95	浅孔使用
自由钳	Φ73/89、Φ89/108、Φ108/127、Φ127/146、Φ146/168、Φ168/194、Φ194/219、AW、BW、HW、PW	拧卸管使用

表 1-3　绳索取心钻杆规格及主要技术参数

序号	规格	系列	杆体尺寸 (mm×mm)	接头外径/ 内径(mm)	螺纹 标准	热处理 方式	钻杆材质	接头材质/ 处理工艺	使用深 度(m)
1	S56	普通钻杆	53×4.5	54/43	地标、冶标	钻杆体不做热处理	45MnMoB	30CrMnSiA/调质	1200
2	S59		55.5×4.75	56.5/46	地标、冶标		45MnMoB	30CrMnSiA/调质	1000
3	S75		71×5	73/60.7	地标、冶标		45MnMoB	30CrMnSiA/调质	1000
4	S95		89×5	90.5/78.5	地标、冶标		ZT520	30CrMnSiA/调质	800
5	S122		114.3×6.35	116.3/101.6	厂标		45MnMoB	30CrMnSiA/调质	800
6	SA75	整体加厚钻杆	71×5.5	73/60	厂标		45MnMoB	30CrMnSiA/调质	1200
7	S75A	两端加厚钻杆	71×5	73/60	厂标	端部加厚	45MnMoB	30CrMnSiA/调质	1500
8	S95A		89×5	92/77	厂标		45MnMoB	30CrMnSiA/调质	1300
9	S95T		91×5	94.5/79	厂标		45MnMoB	30CrMnSiA/调质	1300
10	CBH	C系列钻杆	55.5×4.75	57/43	厂标	钻杆整体调质，接头螺纹镀镍磷	30CrMnSiA	ZT850/调质	2500
11	CNH		71×5	74/60	厂标		30CrMnSiA	ZT850/调质	2300
12	CNH(T)		71×5	74/58	厂标		ZT850	ZT850/调质	3000
13	CHH		89×5	92/77	厂标		30CrMnSiA	ZT850/调质	1800
14	CHH(T)		89×5	92.5/77	厂标		30CrMnSiA	ZT850/调质	2300
15	CPH		114.3×6.35	117/101.6	厂标		45MnMoB	ZT850/调质	1200
16	BQ	Q系列钻杆	55.6×4.8		国际标准	钻杆整体调质	ZT850	30Cr/调质，镀镍磷	2000
17	NQ		70.1×5		国际标准		ZT850	自接式钻杆，螺纹镀镍磷	1500
18	HQ		89×5.6		国际标准		ZT850		1000
19	PQ/PHD		114.3×6.35		国际标准	螺纹镀镍磷	45MnMoB		800

注：美国长年公司系列绳索取心钻探钻孔直径分为 AQ(48mm)、BQ(60mm)、NQ(75.7mm)、HQ(96mm)、PQ(122.6mm)、SQ(145.3mm)等规格，即所谓 Q 系列，为欧美国家广泛仿制与采用。美国在 20 世纪 70 年代开发了 CQ 系列(接头与钻杆采用焊接方式连接)绳索取心钻具，20 世纪 80 年代进一步开发了重型绳索取心钻具系列，如 CHD-76、CHD-101 和 CHD-134 等专门用于在深孔、超深孔条件下实现绳索取心。

表1-4 绳索取心钻具配套尺寸

(单位:mm)

系列	规格	钻头 外径	钻头 内径	扩孔器 外径	外管 外径	外管 内径	内管 外径	内管 内径	配套钻杆规格
普通系列钻具	SC56	56	35	56.5	54	45	41	37	S56
	S59	59.5	36	60	58	49	43	38	S59
	S75/S75B	75	49	75.5	73	63	56	51	S75/S75A
	S91	91	62	91.5	88	77	71	65	S91
	S95/S95B	95	64	95.5	89	79	73	67	S95/S95A
Q系列钻具	BQ	59.5	36.5	60	57.2	46	42.9	38.1	BQ
	NQ	74.6	47.6	75.8	73	60.3	55.6	50	NQ
	HQ	95.6	63.5	96	92.1	77.8	73	66.8	HQ
	PQ	122	85	122.6	117.5	103.2	95.3	88.9	PQ
深孔复杂地层钻具	S75B-2	75	47	75.5	73	63	54	49	S75A/CNH
	S95B-2	95	62	95.5	89	79	71	65	S95A/CHH
	S75-SF	75	49	75.5	73	63	56	51	S75A/CNH
	S95-SF	95	62	95.5	89	79	73	67	S95A/CHH
	S150-SF	150	93	150.5	139.7	125	106	98	S127

表1-5 无锡钻探工具厂绳索取心钻杆规格

(单位:mm)

序号	产品名称	规格	钻头外径	取心直径	钻杆外径	钻杆内径	钻杆材质
1	普通绳索钻杆	S56	56	35	53	44	45MnMoB
2	普通绳索钻杆	S59	59	36	55.5	46	45MnMoB
3	普通绳索钻杆	S75	75	49	71	61	45MnMoB
4	普通绳索钻杆	S95	95	64	89	79	45MnMoB
5	两端加厚绳索钻杆	S75A	75	49	加厚端73	61	45MnMoB
6	两端加厚绳索钻杆	S95A	95	64	加厚端92	78	45MnMoB
7	整体调质绳索钻杆	CBH	59	36	加厚端57	43	30CrMnSiA
8	整体调质绳索钻杆	CNH	75/77	49	加厚端74	61	30CrMnSiA
9	整体调质绳索钻杆	CNH(T)	75/77	49	加厚端74	61	XJY850
10	整体调质绳索钻杆	CHH	95/98	64	加厚端92	78	30CrMnSiA
11	国际标准绳索钻杆	BQ	59.5	36.5	55.6	46	XJY850
12	国际标准绳索钻杆	NQ	74.6	48	70.5	60.5	XJY850
13	国际标准绳索钻杆	HQ	96	63.5	89	77.8	XJY850
14	国际标准绳索钻杆	PQ	122	85	114.3	103.2	XJY850

表1-6　某厂家绳索取心钻具规格及技术参数　　　（单位：mm）

系列	规格	钻头		扩孔器外径	外管		内管		配套钻杆规格	配套打捞器
		外径	内径		外径	内径	外径	内径		
普通系列钻具	SC56	56	35	56.5	54	45	41	37	S56	S系列
	S95	59.5	36	60	58	63	49	43	38	
	S75	75	49	75.5	73	63	56	51	S75/S75A	
	S95	95	64	95.5	89	79	73	67	S95/S95A	
Q系列钻具	BQ	59.5	36.5	60	57.2	46	42.9	38.1	BQ	Q系列
	NQ/NQ3	75.3	47.6/45	75.8	73	60.3	55.6	50	NQ	
	HQ/NQ3	95.6	63.5/61.1	96	92.1	77.8	73	66.7	HQ	
	PQ/PQ3	122	85/83	122.6	117.5	103.2	95.6	88.9	PQ	
深孔复杂地层系列钻具	S75-SF	75	49	75.5	73	63	56	51	S75A/CNH	S系列
	S95-SF	95	64	95.5	89	79	73	67	S95A/CNH	
	S75B-2	76	47	76.5	73	63	54	49	S75A/CNH/CNH(T)	
	S95B-2	95.5	62	96	89	79	71	65	S95A/CHH/CHH(T)	
	S75-SF-2	76	47	75.5	73	63	54	49	S75A/CNH/CNH(T)	
	S95-SF-2	96	62	96.5	89	79	71	65	S95A/CHH/CHH(T)	
	5in	152	54		108	80	62	56.5	89石油钻杆，NC38	
	8.5in	216	66		127	101.6	77	70	127石油钻杆，NC50	

注：1in＝25.4mm，下同。

表1-7　金地公司绳索取心钻杆规格主要技术参数

钻具类型	钻杆系列	规格型号	金刚石钻头外径/内径(mm)	扩孔器外径(mm)	钻杆外径/内径(mm)	标准	接头材料/处理工艺	钻杆材质/处理工艺	使用深度(m)
普通绳索取心钻具	普通钻杆	ZN-47S	47/25	47.5	43.5/34	冶标	30CrMnSiA/调质	45MnMoB	1200
		ZN-60S	60/36	60.5	55.5/46	冶标			1200
		ZN-75S	75/49	75.5	71/61	冶标			1200
		JD-59S	59.5/36	60	55.5/46	地标			1200
		JD-75S	75/49	75.5	71/61	地标			1200

续表 1-7

钻具类型	钻杆系列	规格型号	金刚石钻头外径/内径(mm)	扩孔器外径(mm)	钻杆外径/内径(mm)	标准	接头材质/处理工艺	钻杆材质/处理工艺	使用深度(m)
普通绳索取心钻具	普通钻杆	JD-75SJ	75.5/49	76	71/60	厂标			1500
		JD-95S	95/63	95.5	89/79	地标			1000
		JD-122S	122/85	122.6	114.3/101	厂标			800
		JD-150S	150/108	150.6	139.7/125.5	厂标			800
深孔绳索取心钻具	镦厚钻杆	JD-60SS	60/36	60.5	55.5/46	厂标			1500
		JD-75SS	76/49	76.5	71/61	厂标			2000
		JD-95SS	96/63	96.5	89/79	厂标			1500
超深孔绳索取心钻具	SC系列钻杆	JD-76SC	76/46	76.5	71/61	厂标	XJY850/调质	XJY850/45MnMoB	2500
		JD-77SCT	77/49	77.5	72/60	厂标			3000
		JD-97SCT	97/63	97.5	91/77	厂标		XJY850/调质	2500
Q系列绳索取心钻具	Q系列钻杆	NQ	75.3/47	75.8	69.9/60.3	国际标准	直连/XJY850/调质	XJY850/调质	1500
		HQ	95.5/63.6	96	88.9/77.8	国际标准			1200
		PQ	122/85	122.6	114.3/103.2	国际标准			900
坑道系列绳索取心钻具	U系列钻杆	ZN-47SU	47/25	47.5	43.5/34	冶标	30CrMnSiA/调质	45MnMoB	300
		ZN-60SU	60/36	60.5	55.5/46	冶标			300
		NQU	75.3/47	75.8	69.9/60.3	国际标准	直连	XJY850/调质	600
		HQU	95.5/63.6	96	88.9/77.8	国际标准			600
页岩气绳索取心钻具	页岩气井	HQ	100/64	100.5	92/77	厂标	XJY850/调质	XJY850/调质	2500

注:XJY850 为浙江嘉兴新纪元钢管与兴澄特钢联合开发的高强度地质管材。

表 1-8　非开挖整体钻杆规格及参数

规格	外径 (mm)	壁厚 (mm)	加厚外径 (mm)	最小弯曲 半径(m)	最大扭矩 (kN·m)	材质
60	60	7.5	67	40	6	G105/S135
73	73	8	80.5	62	13	G105/S135
76	76	10	88	65	15	G105/S135
83	83	9	93	70	18	G105/S135
89	89	10	92	72	25	G105/S135

表 1-9　地质套管及岩心管规格及材质要求　　　　　（单位：mm）

执行标准	规格	外径×壁厚	材质	备注
GB/T 16950—1997	73	73×3.75	DZ40	定尺长度和螺纹要求可根据用户要求定制
	89	89×4.5	DZ40	
	108	108×4.5	DZ40	
	127	127×4.5	DZ40	
	146	146×5	DZ40	
	168	168×6.5	DZ40	
	178	178×7	DZ40	
DCDMA	AW	57×4.25	R780	
	BW	73×6.35	R780	
	NW	88.9×6.35	R780	
	HW	114.3×6.35	R780	
	PW	139.7×6.35	R780	
厂标	91	91×5	R780	
	114.3	114.3×6.35	R780	
	139.7	139.7×6.35	R780	

第一章 钻具标准规范概要

表 1-10 国产地质管材机械性能表

	钢级代号	抗拉强度（MPa）	屈服强度（MPa）	延伸率（%）	断面收缩率（%）	冲击韧性（N·m/cm²）
国产地质管材机械性能 [YB235-70]	DZ40	650	380	14	40	40
	DZ50	700	500	12		
	DZ55	750	550			
	DZ60	780	600			
	DZ65	800	650			
	DZ75	850	750			
	DZ85	950	850	10		
	DZ95	1050	950			

注：钢管用钢用"DZ"（地质的汉语拼音字头）加数字代表钢屈服点标识，常用的钢号有 DZ40 的 50Mn，DZ45 的 45MnB、50Mn，DZ50 的 40Mn2、40Mn2Si，DZ55 的 40Mn2Mo、40MnVB，DZ60 的 45MnMoB、R780（42MnMo7）或（36Mn2V）[但 R780（42MnMo7）采用正火+回火热处理工艺，与 R780（36Mn2V）相比，机械性能显著提高]，DZ65 的 27MnMoVB。钢管都以热处理状态交货。绳索取心钻杆体普遍采用综合机械性能较好的 45MnMoB，公母螺纹接头采用经过调质处理的 30CrMnSiA 或 45MnMoB。

表 1-11 常用地质管材性能对比表

钢种	热处理状态	屈服强度（MPa）	抗拉强度（MPa）	延伸率（%）	断面收缩率（%）	冲击功（J）	屈强比
30CrMoA	调质	≥735	≥930	≥12	≥50	71	0.79
30CrMnSiA		≥885	≥1080	≥10	≥45	39	0.81
42MnMoB		≥750	≥920	≥12	≥48	56	0.81
XJY850		≥950	≥1020	≥16	≥52	75	0.93

注：冲击韧性值（a_k）和冲击功（A_k），其单位分别为 J/cm^2 和 J，揭示材料的变脆倾向，反映金属材料对外来冲击负荷的抵抗能力。将冲击功除以试样缺口底部处横截面积所得的商为冲击韧性值（a_k）。用夏比"U"形缺口试样求得的冲击功和冲击值，代号分别为 A_kU；用夏比"V"形缺口试样求得的冲击功和冲击韧性值，代号分别为 A_kV 和 a_kV。a_k 韧性值低的材料称为脆性和 a_kV 材料，a_k 值高的材料称为韧性材料。

表 1-12 地质钢管的牌号和化学成分　　　　　　　　　　（单位:%）

钢级	牌号	化学成分							
		C	Si	Mn	S	P	Mo	V	B
					不大于				
DZ40	45MnB	0.42~0.49	0.20~0.40	1.10~1.40	0.040	0.040	—		0.001~0.0035
	50Mn	0.48~0.56	0.17~0.37	0.70~1.00			—		—
DZ50	40Mn2	0.37~0.44	0.20~0.40	1.40~1.80	0.040	0.040			
	40Mn2Si	0.37~0.45	0.40~0.70	1.30~1.80					
DZ55	40Mn₂Mo	0.37~0.44	0.20~0.40	1.50~1.80	0.040	0.040	0.20~0.30		
	40MnVB	0.37~0.44	0.20~0.40	0.90~1.20			—	0.05~0.10	0.001~0.005
DZ60	MnMoB	0.41~0.49	0.17~0.37	0.90~1.20	0.040	0.040	0.20~0.30		0.001~0.005
DZ65	27MnMoVB	0.22~0.32	0.17~0.37	1.20~1.60	0.040	0.040	0.30~0.50	0.08~0.15	0.001~0.005

注:常规钻杆是由不同成分的合金无缝钢管制成,现用合金成分有 Mn、MnSi、MnB、MnMo、MnMoVB 等,并且限制磷、硫等有害成分不得大于 0.04%,地质管是原中国冶金部颁布的标准,属于中国特定的标准。地质管材钢级和性能一般执行 GB/T 9808—2008 的规定,亦可参照表 1-12。

表 1-13 钢管力学性能

序号	钢级	抗拉强度（MPa）	屈服强度（MPa）	延伸率（%）	20℃冲击吸收能（J）	硬度（HRC）	交货热处理状态
1	ZT380	640	380	14	—	—	正火,正火+回火等
2	ZT490	690	490	12	—	—	
3	ZT520	780	520	15	—	—	
4	ZT540	740	540	12	—	—	
5	ZT590	770	590	12	—	—	
6	ZT640	790	640	12	—	—	
7	ZT750	850	750	15	≥50	26~35	调质
8	ZT850	950	850	14	≥50	28~36	
9	ZT950	1050	950	13	≥50	30~37	

表 1-14　AISI 结构钢分类

牌号系列	钢组分类	牌号系列	钢组分类
00××	碳素钢或低合金钢	46××	镍钼钢(0.85/1.82Ni,0.2/0.25Mo)
01××	高强度铸钢	47××	镍铬钼钢(1.05Ni,0.45Cr,0.2/0.35Mo)
10××	碳素钢(≤1.0Mn)	48××	镍钼钢(0.35Ni,0.25Mo)
11××	含硫易切削钢	50××	铬钢(0.27~0.65Cr)
12××	含硫和含磷易切削钢	51××	铬钢(0.8~1.05Cr)
13××	锰钢(1.75Mn)	61××	铬钒钢
15××	较高含锰碳素钢	71××	钨铬钢(13.5/16.5W,3.5Cr)
23××	镍钢(3.5Ni)	72××	钨铬钢(1.75W,0.75Cr)
25××	镍钢(5Ni)	81××	镍铬钼钢(0.3Ni,0.4Cr,0.12Mo)
28××	镍钢(9Ni)	83××	锰钼钢(1.3~1.6Mn,0.2~0.3Mo)
31××	镍铬钢(1.25Ni,0.65/0.8Cr)	86××	镍铬钼钢(0.5Ni,0.5Cr,0.2Mo)
32××	镍铬钢(1.75Ni,1.07Cr)	87××	镍铬钼钢(0.55Ni,0.5Cr,0.25Mo)
33××	镍铬钢(3.5Ni,1.50/1.57Cr)	88××	镍铬钼钢(0.55Ni,0.5Cr,0.35Mo)
34××	镍铬钢(3.0Ni,0.77Cr)	92××	硅锰钢
40××	钼钢(0.2/0.25Mo)	93××	镍铬钼钢(3.25Ni,1.2Cr,0.12Mo)
41××	铬钼钢(0.5/0.8/0.95Cr,0.12/0.25/0.30Mo)	94××	镍铬钼钢(0.45Ni,0.4Cr,0.12Mo)
43××	镍铬钼钢(1.82Ni,0.5/0.8Cr,0.25Mo)	97××	镍铬钼钢(0.55Ni,0.2Cr,0.2Mo)
43BV××	镍铬钼钢,含硼和钒	98××	镍铬钼钢(1.0Ni,0.8Cr,0.25Mo)
44××	钼钢(0.4/0.52Mo)	99××	镍铬钼钢(1.15Ni,0.5Cr,0.25Mo)

注：牌号系列用 4 位数字表示，其中，前 2 位表示钢类，后 2 位表示"碳含量×100"。前缀"C"表示碳素钢，"B"表示贝氏炉钢，"E"表示电炉钢，后缀"F"表示易切削钢。国内多家钻具厂执行该标准。

表 1-15　几种 AISI 钢和国内钻杆合金钢力学性能和成分对比

钢号	抗拉强度(MPa)	屈服强度(MPa)	延伸率(%)	常温纵向冲击功(J)
AISI4340	980	835	12	78
40CrNiMoA	980	835	12	78
4330V	1144	1034	15	68
35CrMoA	985	835	12	63
40CrMnMo	980	785	10	63
AISI4145H	985	758	13	54

表1-16　地质钻探钢管尺寸规格参考表　　　　　　（单位：mm）

钻杆	岩心管、套管		厚壁岩心管	
	规格	接头料	规格	接头料
外径×壁厚	外径×壁厚	外径×壁厚	外径×壁厚	外径×壁厚
33.5×5.25	34.5×3.75	34.5×6.25		
42×5	44.5×3.75	44.5×6.25		
50×5.5	57.5×4	57.4×6.25		
60×5	73.5×4	73.5×6.5		
89×10	89.5×4.25	89.5×6.5	90×6	91×7(95×9)
	108.5×4.5	108.5×6.75	110×6	110×7(114×9)
	127.5×4.75	127.5×7.25	130×6	130×7(134×9)
	146.5×4.75	146.5×7.5		
	172×7	172×10		
	219×8	219×12		
	273×10			
	325×10			
	377×10			
	425×10			

表1-17　API钻杆管体和连接部位机械性能要求

钢级	屈服强度				抗拉强度	
	最小		最大		最小	
单位	Psi	MPa	Psi	MPa	Psi	MPa
E-75	75 000	517	105 000	724	100 000	689
X-95	95 000	655	125 000	862	105 000	724
G-105	105 000	724	135 000	931	115 000	793
S-135	135 000	931	165 000	1138	145 000	1000

注：1MPa=145Psi(1b/in^2,下同)。

表 1-18 OCTG 油井管规格尺寸表

油管或钻杆		套管	
外径(in/mm)	壁厚(mm)	外径(in/mm)	壁厚(mm)
2-3/8　　60.33	4.83,7.11(EU)	5-1/2　　139.7	10.54
2-7/8　　73	5.51,9.19(加厚)	7　　177.8	9.19
3-1/2　　88.9	6.45,7.34	7　　177.8	10.36
3-1/2　　88.9	9.35,11.4	7　　177.8	11.51
套管或钻杆		9-5/8　　244.5	8.94
外径(in/mm)	壁厚(mm)	9-5/8　　244.5	10.03
4　　101.6	7.8,8.38	9-5/8　　244.5	11.99
4-1/2　　114.3	6.88,7.37	9-5/8　　244.5	13.84
4-1/2　　114.3	8.56,10.92	10-3/4　　273.1	8.89
5　　127	7.52,9.19,12.7	13-3/8　　339.7	9.65
5-1/2　　139.7	7.72	13-3/8　　339.7	10.92
5-1/2　　139.7	9.17	20　　508	12.7

注：国外将钻杆、钻铤、方钻杆、转换接头等钻具和油管统称为油井管 OCTG(Oil Country Tubular Goods)。

表 1-19 API 油套管的常用规格(标准：API SPEC 5CT—2005)

	钢级	抗拉强度(MPa)	屈服强度(MPa)	延伸率(%)	类比
标准管材性能	D	668	387	18	DZ40
	E	708	527		DZ50
	N-80	703	562	16	DZ55
	C-95	738	668	—	DZ65
	P-105	844	738	15	DZ75
	P-110	879	733		DZ75
	V-150	1200	1055	12	—

注：美国石油学会 API 油套管钢级共有 H40、J55、K55、M65、N80、L80、C90、T95、C95、P110、Q125 等 20 个不同钢级。J：铸钢；N：镍合金钢；P：精密金属合金钢；C：铜合金钢。英文字母后面的数字表示油套管的钢级的最低屈服强度，如 J55 表示其最低屈服强度为 55 000Psi(379MPa)，最高为 80 000Psi(552MPa)，P110 最低屈服强度 110 000Psi(758MPa)，最高为 140 000Psi(965MPa)。H、J、K、N 代表普通强度油套管，C、L、M、T 代表限定屈服强度油套管，具有一定的抗硫腐蚀性能。

表 1-20 API 钻杆规格和技术要求

规格 (in)	(mm)	公称质量 (kg/m)	计算质量 (kg/m)	壁厚 (mm)	钢级	加厚形式	工具接头型号
2-3/8	60.3	6.65	9.33	7.11	E、X、G、S	EU	NC26
2-7/8	73.0	10.4	14.47	9.19	E、X、G、S	EU	NC31
3-1/2	88.9	13.3	18.34	9.35	E、X、G、S	EU	NC38
3-1/2	88.9	15.5	21.79	11.4	E、X、G、S	EU	NC38、NC40
4	101.6	14.0	19.27	8.38	E、X、G、S	IU、EU	NC40
4-1/2	114.3	16.6	22.32	8.56	E、X、G、S	EU、IEU	NC46、NC50
4-1/2	114.3	20.0	27.84	10.92	E、X、G、S	EU	NC50
5	127.0	19.5	26.70	9.19	E、X、G、S	IEU	NC50
5	127.0	25.6	35.80	12.7	E、X、G、S	IEU	NC50

注：EU 为外加厚，IU 为内加厚，IEU 为内外加厚；工具接头螺纹处理：镀铜或磷化。

表 1-21 SYB12604 钻杆规格代号

第一位数字						第二位数字			第三位数字	
通称尺寸						接头类型			内外螺纹	
2A	2	3	4	5	6	1	2	3	内(B)	外(P)
(in) 2-3/8	2-7/8	3-1/2	4-1/2	5-1/16	6-5/8	内平型	贯眼型	正规型	0	1
(mm) 60.3	73.0	88.9	114.3	128.6	168.0					

通称尺寸	数字型螺纹	淘汰螺纹	SYB12604 规定的代号
2-3/8	NC26	2-3/8IF	2A10、2A11
2-7/8	NC31	2-7/8IF	210、211
3-1/2	NC38	3-1/2IF	310、311
4	NC46	4IF	4A10、4A11
4-1/2	NC50	4-1/2IF	410、411

注：现在常采用数字型接头，牙型为 V-0.038R，数字型螺纹与相同中径的贯眼型、内平型螺纹可互换，如 NC26 与 2-3/8IF，NC40 与 4FH 等。

以下为石油钻井接头的几种类型。

1. 内平型接头

适合于外加厚及内外加厚钻杆。其接头内径、钻杆加厚部分的内径及钻杆管体内径相等,具有泥浆阻力小的特点,但这类接头外径最大,易产生接头磨损(图1-1)。

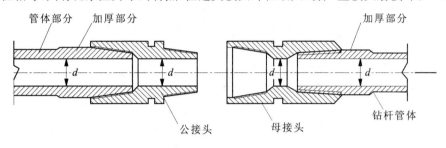

图 1-1 内平型接头

2. 贯眼型接头

适合于内加厚或内外加厚钻杆。该种接头钻杆有两个内径:接头内径(等于钻杆加厚部分的内径)和钻杆管体的内径,且接头内径小于管体内径。这种接头泥浆流动阻力大于内平式接头,但外径小于内平式接头(图1-2)。

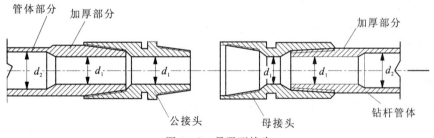

图 1-2 贯眼型接头

3. 正规型接头

适于内加厚钻杆。正规型接头的内径小于加厚部分的内径,加厚部分的内径又小于钻杆管体的内径,所以正规型接头连接的钻杆有3个不同的内径。泥浆流经这类接头阻力最大,但它的外径最小,强度最大。正规型接头在大尺寸钻具或事故打捞工具等处使用(图1-3)。

表 1-22 普通钻铤性能要求

外径范围		屈服强度	抗拉强度	延伸率	布氏硬度	夏比冲击功
(mm)	(in)	(MPa)	(MPa)	(%)	(HB)	(J)
79.4~171.4	3-1/8~6-3/4	≥788	≥1005	≥13	295~341	≥70
177.8~279.4	7~11	≥719	≥960	≥13	295~341	≥70

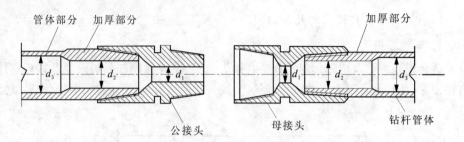

图1-3 正规型接头

表1-23 普通钻铤规格参数表

外径		内径	公称质量	扣型
(mm)	(in)	(mm)	(kg/m)	
79.4	3-1/8	31.8	32.8	NC23~31
88.9	3-1/2	38.1	40.2	2A11,2A10
104.8	4-1/8	50.8	52.1	211,210
120.7	4-3/4	50.8	74.5	NC35~47(311,310)
127	5	57.2	79	311,310
152.4	6	57.2	123.7	NC44~60
152.4	6	71.4	111.8	NC44~60
158.8	6-1/4	57.2	135.6	NC46~62(4A11,4A10)
158.8	6-1/4	71.4	111.8	NC46~62(4A11,4A10)
165.1	6-1/2	57.2	147.5	NC46~65(4A11,4A10)
165.1	6-1/2	71.4	136.5	NC46~65(4A11,4A10)
171.4	6-3/4	57.2	160.9	NC46~67(4A11,4A10)
171.4	6-3/4	71.4	148.5	NC50~67(411,410)
177.8	7	57.2	174.3	411,410
177.8	7	71.4	163.9	411,410
184.2	7-1/4	71.4	177.3	NC50~72(411,410)
196.8	7-3/4	71.4	207.1	NC56~77
203.2	8	71.4	223.5	NC56~80(631,630)
209.6	8-1/4	71.4	238.4	631,630

续表 1-23

外径		内径	公称质量	扣型
(mm)	(in)	(mm)	(kg/m)	
228.6	9	71.4	290.6	NC61~90
241.3	9-1/2	76.2	321.8	731、730
247.6	9-3/4	76.2	341.2	NC70~97
254	10	76.2	362	NC70~100
279.4	11	76.2	444.5	831、830

地质取心钻具通常分为单管钻具、双管钻具和绳索取心钻具三大类。钻具公称口径从 R 到 Z。双管钻具分为 T、M、P 3 种设计类型。T 型属于标准设计,适用于中等硬度和稍破碎岩层;M 型为薄壁设计,适用于较坚硬和完整的岩层;P 型为厚壁设计,用于破碎、松散的岩层;复杂岩层和特殊需要时可使用三层管或半合管。单管钻具以 S 表示;双管钻具直接以设计类型表示;绳索取心钻具以 WL 表示。各类型取心钻具代号见表 1-24。

表 1-24 公称口径代号　　　　　　　　　(单位:mm)

代号	R	E	A	B	N	H	P	S	U	Z
公称口径	30	38	48	60	76	96	122	150	175	200

表 1-25 取心钻具类型代号

钻具设计类型	口径代号									
	R	E	A	B	N	H	P	S	U	Z
单管	RS	ES	AS	BS	NS	HS	PS	SS	US	ZS
T 型双管	RT	ET	AT	BT	NT	HT	PT	ST	UT	ZT
M 型双管			AM	BM	NM	HM				
P 型双管					NP	HP	PP	SP	UP	ZP
绳索取心			AWL	BWL	NWL	HWL	PWL			

表 1-26 取心钻具规格参数 (单位:mm)

钻具类型	部件	口径代号									
		R	E	A	B	N	H	P	S	U	Z
单管	钻头	30/20	38/28	48/38	60/48	76/60	96/76	122/98	150/120	175/144	200/165
	岩心管	28/24	36/30	46/40	58/51	73/63	92/80	118/102	146/124	170/148	195/170
T型双管	钻头	30/17	38/23	48/30	60/41.5	76/55	96/72	122/94	150/118	175/140	200/160
	外岩心管	28/24	36/30	46/39	58/51	73/65.5	92/84	118/107	146/134	170/158	195/182
	内岩心管	22/19	28/25	36/31.5	47.5/43.5	62/56.5	80/74	102/96	128/121	152/144	174/166
M型双管	钻头			48/33	60/44	76/58	96/73				
	外岩心管			46/40	58/51	73/65.5	92/84				
	内岩心管			38/35.5	48.5/46	63.5/60.5	80/76				
P型双管	钻头				76/48	96/66	122/87	150/108	175/130	200/148	
	外岩心管				73/63	92/80	118/102	146/124	170/148	195/170	
	内岩心管				56/51	76/70	98/91	120/112	144/136	165/155	
绳索取心	钻头			48/25	60/36	76/48	96/63	122/81	150/108		
	外岩心管			46/36	58/49	73/63	92/80	118/102	146/124		
	内岩心管			31/27	43/38	56/51	72/66	92/85	120/112		

表 1-27 国外石油系列常规式取心工具主要规范 (单位:mm)

公司	外筒尺寸(外径×内径×壁厚)	内筒尺寸(外径×内径×壁厚)	岩心直径	备注
科德西德	92.1×73.0×9.5	66.7×54.0×6.9	47.7	标准式
	146.1×120.7×12.7	108.0×92.1×7.9	85.7	
	174.6×142.9×15.9	136.5×114.3×11.1	108.0	
	120.6×88.9×15.9	79.4×66.7×6.4	60.3	海洋式
	158.8×108×25.4	95.3×82.6×6.4	76.2	
克里斯坦森	120.6×95.2×12.7	85.7×73.0×6.4	66.7	标准式
	146.0×120.6×12.7	108.0×95.3×6.4	88.9	
	171.5×136.5×17.5	120.7×108.0×6.4	101.6	
	114.3×82.6×15.9	73.0×60.3×6.4	54.0	海洋式
	158.8×108×25.4	95.3×82.6×6.4	76.2	

表 1-28　石油川式钻具技术参数　　　　　　　　　　（单位:mm）

规格	川6-3	川6-3A	川6-3B	川8-3	川8-3A
外筒尺寸（外径×内径×壁厚）	133×101×16	133×101×16	133×101×16	180×144×18	180×144×18
内筒尺寸（外径×内径×壁厚）	88.9×75.9×6.5	88.9×75.9×6.5	88.9×75.9×6.5	127×112×7.5	127×112×7.5
岩心直径×取心长度（单节）	70×9000	70×9000	70×9000	105×9000	105×9000
取心钻头外径	150.9	150.9	150.9	213～215	213～215
扶正器外径×棱长	148.9×210	148.9×210	148.9×210	211×300	211×300
上接头扣型	NC38	NC38	NC38	NC50	NC50

注:川6-3采用泥浆润滑,无密封;川6-3A采用黄油润滑,小间隙密封;川6-3B采用黄油润滑,密封圈密封。

表 1-29　胜利常规取心工具技术规范　　　　　　　　（单位:mm）

工具代号	R-8120 型	Y-8120A 型	Y-8120B 型	Y-670 型	Y-8100 型
钻头（外径×内径）	215×115	215×120	215×120	150×67	215×101
外筒（外径×内径）	194×154	194×154	194×154	133×101	172×136
内筒（外径×内径）	140×127	140×127	140×127	89×76	121×108
外筒长度	8500	8500	8500	8500	9140
适应地层	松散、松软	非松散	破碎性中硬—硬	非松散	非松散

表 1-30　地质岩心钻探钻头规格参考表　　　　　　　（单位:mm）

单管	Φ36、Φ46、Φ48、Φ56、Φ59、Φ60、Φ66、Φ75、Φ76、Φ77、Φ78、Φ91、Φ92、Φ93、Φ94、Φ95、Φ96、Φ98、Φ100、Φ110、Φ112、Φ130、Φ132、Φ152、Φ171、Φ173、Φ225、Φ245、Φ279、Φ325
双管	Φ36、Φ46、Φ48、Φ56、Φ59、Φ60、Φ66、Φ75、Φ76、Φ77、Φ91、Φ94、Φ110、Φ130、Φ150
绳索	S56、S59、S60、S75、S76、S77、S78、S91、S95、S96、S98、S122

注:由各生产单位根据地层情况和工艺要求调整形成。

表 1-31　各类标准规定的公称口径　　　　　　　　　　（单位：mm）

	规格代号	R	E	A	B	N	H	P	S
公称直径	GB/T 16950—1997	28	36	46	60	76	95	120	146
	1982 岩心钻探规程		36	46	56(66)	76	91		
	2010 岩心钻探规程	30	38	48	60	76	96	122	150
	GB 3423—82	28	36	46	59	75	91		
	DCDMA	29.4	37.3	47.6	59.5	75.3	98.8	122.3	

表 1-32　金刚石钻头用聚晶规格　　　　　　　　　　（单位：mm）

方聚晶	圆柱、圆片聚晶	三角聚晶
□1×1×1	Φ0.8×4	△4×2.6
□1.5×1.5×4	Φ1.5×5	△4×3
□1.5×1.5×5	Φ3×5	△4.5×3.2
□1.5×1.5×1.5	Φ3×10	△5×3
□1.8×1.8×4.5	Φ6×3	△5.2×4.3
□2×2×2	Φ6×4	△6×4.2
□2.5×2×4.5	Φ6×12	△6.2×4.3
□2.5×2.5×2.5	Φ8×3	
□3×3×3	Φ10×4	
□3×4×5	Φ10×5	
□3×4×10	Φ13×5	
□3×10×10	Φ13.5×4	
□4×4×4	Φ16×8	
□5×5×5	Φ16×12	
□5×5×10		
□15×15×15		

表1-33 我国常用地质矿山硬质合金牌号、性能及推荐用途

牌号	密度 (g/cm³)	硬度 (HRA)	抗弯强度 (N/mm²)	推荐用途
YG6	14.9	90	2000	适于镶制煤电钻钻头,钻进不含黄铁矿的煤层和无烟煤层;钻进无硅化的片岩、钾盐、岩盐及其他同类地层
YG6S	14.9	90	2600	具有很高的韧性和很好的耐磨性,适用于中硬岩层的凿岩中小规格的球齿、冲击钻头
YG6T	14.9	90	2800	具有很高的韧性和很好的耐磨性,适用于中硬岩层的凿岩中小规格的球齿、冲击钻头
YG8	14.7	90	2300	适于镶制地质勘探用岩心钻头、油井钻头、刮刀钻头;钻进 $f=8$ 以下的软岩层、坚硬煤层和极坚硬岩层、无烟煤层,用于加工天然石料和砖、混凝土墙的钻孔等
YG9C	14.5	88	2500	适于镶制钻凿 $f=14$ 以下的中硬、坚硬岩石,含有坚硬石煤层切割用截煤机齿、油井钻头、凿进坚硬岩石的冲击式钻头
YG11C	14.3	87	2600	适于镶制重型凿岩机用回转凿岩钎头,钻凿 $f=18$ 级或以上的坚硬岩层
YG11S	14.3	88	2600	该产品采用特殊的组织结构,比相同成分的合金具有更高的使用寿命与钻进速度。适于镶制中型凿岩机用冲击回转凿岩钎头,钻凿 $f=14\sim16$ 级左右的中硬和较坚硬岩层
YG15	13.9	86.5	2500	适用于镶制中型或重型凿岩机用冲击回转凿岩钎头,钻凿 $f=15\sim18$ 级左右的较坚硬和坚硬岩层

表1-34 SQ半球球齿合金尺寸规格(配合冲击和振动钻)

直径 D(mm)	H(mm)	牌号	SQ半球球齿合金外形
16	35	YG6S	
14	20	YG6S	
13	20	YG6S	
12	17	YG6S	
11	16	YG6S	
10	14	YG6S	
9	13	YG6	
8	12	YG6S	
7	11	YG6S	

根据岩石类别选用 GB/T 18376.2 中推荐的 G5~G50 类硬质合金(国际标准化组织 ISO 标准编号),根据钻头直径、地层特性等选择钻头用硬质合金的型号、规格、数量、镶焊角度和切削具出刃量。一般软岩用直角薄片或方柱状合金;中硬岩用不同规格的八角柱状合金。硬质合金镶嵌的技术参数见表 1-35 至表 1-37。

表 1-35 硬质合金镶焊数量 (单位:颗)

钻孔口径		N	H	P	S
岩石可钻性级别	1~3	6~8	8~10	8~10	10~12
	4~6	8~10	9~12	10~14	14~16
卵砾石层		9~12	12~14	14~16	16~18

表 1-36 硬质合金镶嵌角(切削角)及刃尖角

岩性	镶嵌角	刃尖角
1~4 级均质地层	70°~75°	45°~50°
4~6 级均质地层	75°~80°	50°~60°
7 级均质地层	80°~85°	60°~70°
7 级非均质、裂隙地层	90°~-15°	80°~90°

表 1-37 硬质合金钻头切削具出刃规格 (单位:mm)

岩石	内出刃	外出刃	底出刃
松软、塑性、弱研磨性地层	2.0~2.5	2.5~3.0	3.0~5.0
中硬、强研磨性地层	1.0~1.5	1.5~2.0	2.0~3.0

表 1-38 人造金刚石单颗粒抗压强度分级标准

品种(目数)	80/100	70/80	60/80	60/70	50/60	45/50	40/50	40/45	35/40
MBD6(N)	49.98	58.8	64.68	69.58	83.2	97.2			
MBD8(N)	66.64	78.4	85.26	92.12	108.8				
MBD12(N)	99.96	117.6	128.38	139.2	158.7				
SMD(N)			98.00	105.8	125.4	148.0	161.7	174.4	205.8
SMD25(N)			116.20	126.4	148.9	176.4	192.8	207.8	246.0
SMD30(N)			140.14	151.9	179.3	210.7	230.3	248.9	
SMD40(N)			163.66	177.4	208.7	246.0			

PDC 是聚晶微粉和硬质合金的复合体。PDC 钻头兼具金刚石钻头的耐磨性和硬质合金的锋利性。复合片的金刚石薄层厚从 1mm 发展到现在的 2～4mm。同时,复合片可根据用户需要,切割成长方形、三角形、扇形等形状,可用于制作不同刃形的钻头齿。PDC 冠部形状有平面形、屋脊形、球面形、锥形等,如图 1-4 和图 1-5 所示,用于制作各种复合片钻头。

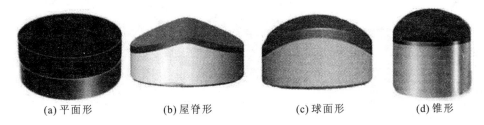

(a) 平面形　　(b) 屋脊形　　(c) 球面形　　(d) 锥形

图 1-4　不同冠部形状的复合片

图 1-5　不同规格尺寸的复合片

表 1-39、表 1-40 为各种复合片规格尺寸。

表 1-39　平面形复合片规格尺寸　　　　　　　　　　　　　　（单位:mm）

平面形								
规格	1919	1916	1913	1619	1616	1613	1313	1308
直径	19.05	19.05	19.05	16	16	16	13.44	13.44
高度	19	16.31	13.2	19	16.31	13.2	13.2	8
复合层厚	0.6～2.0							

表 1-40 球形和锥形复合片规格尺寸 (单位:mm)

球形				
规格	1016	1318	1621	1926
直径	10.4	13.4	16.05	19.05
高度	16.0	18.0	21.0	26.0
球冠半径	5.5	7.5	9.0	10.5

锥形						
规格	1016	1118	1217	1318	1419	2428
直径	10.2	11.2	12.2	13.2	14	24
高度	16.5	18.5	17	18	19	28
复合层高	9	10	8	8.5	12	16

表 1-41 金刚石钻头和扩孔器选用

代表性岩石			泥灰岩、绿泥石、片岩、泥质砂岩	大理岩、石灰岩、泥灰岩、蛇纹岩、安山岩、辉长岩、白云岩			片麻岩、玄武岩、闪长岩、混合岩、砂卡岩、花岗闪长岩、流纹岩			石英斑岩、高硅化灰岩、坚硬花岗岩、石英岩、石英脉		
可钻性		类别	软	中硬			硬			坚硬		
		级别	1～3	4～6			7～9			10～12		
研磨性			弱	弱	中	强	弱	中	强	弱	中	强
表镶钻头	聚晶		◆	◆	◆		◆	◆				
	天然金刚石粒度（粒/ct）	10～25		◆	◆							
		25～40			◆	◆	◆	◆				
		40～60					◆	◆				
		60～100								◆	◆	◆
	胎体硬度（HRC）	20～30		◆			◆			◆		
		35～40			◆	◆					◆	
		>45							◆			◆

注：1ct=0.2g。

续表 1-41

代表性岩石			泥灰岩、绿泥石、片岩、泥质砂岩	大理岩、石灰岩、泥灰岩、蛇纹岩、安山岩、辉长岩、白云岩			片麻岩、玄武岩、闪长岩、混合岩、矽卡岩、花岗闪长岩、流纹岩			石英斑岩、高硅化灰岩、坚硬花岗岩、石英岩、石英脉		
可钻性	类别		软	中硬			硬			坚硬		
	级别		1~3	4~6			7~9			10~12		
研磨性			弱	弱	中	强	弱	中	强	弱	中	强
孕镶钻头	人造或天然金刚石（目）	20~40		◆	◆	◆	◆					
		40~60			◆	◆	◆	◆				
		60~80					◆	◆	◆		◆	
		80~100							◆	◆	◆	◆
	胎体硬度（HRC）	10~20						◆				
		20~30		◆								
		30~35			◆	◆	◆					
		35~40				◆	◆	◆				
		40~45						◆	◆			
		>45										◆
复合片钻头			◆	◆	◆							
扩孔器	表镶			◆								
	孕镶				◆	◆	◆	◆	◆	◆	◆	◆

第二章 钻具螺纹设计基础

螺纹是钻杆柱中最薄弱的部位,也是加工精度要求最高的部位。钻具螺纹形式有很多,有厚壁钻杆通用的锥形螺纹,有钻杆体与端部接头连接的锥形细牙螺纹,有薄壁管,如岩心管、套管和钻头连接用的特殊梯形螺纹或密封管螺纹等。为了增加连接强度,或方便拧卸,或满足密封要求,螺纹的结构、形状、尺寸也各不一样,但是为了通用性和互换性,国家和相关部门制定了相应的规范标准(见第一章标准系列)。本章主要介绍典型螺纹的结构参数和设计要求。

在确定螺纹技术参数时,应考虑下列主要因素。

(1)在保证螺纹根部强度的前提下,螺纹端部应具有一定壁厚,以防螺纹端部变形。

(2)公母螺纹根部危险断面面积基本相等,因母接头外表面易磨损,一般母螺纹根部危险断面略大于公螺纹。

(3)既要使螺纹齿底具有一定壁厚,又要保证公母螺纹在使用过程中不易滑扣。

(4)要使螺纹具有一定的传扭能力和良好的密封性能,同时又便于拧卸和机械加工。

一、螺纹的失效形式

1. 粘扣和胀扣

通常发生在有较高轴向压力情况下,外螺纹强制进入内螺纹,导致内螺纹胀开或粘扣而造成连接失效。上扣时扭矩过高或钻进中产生过高扭矩时,也会出现这种情况。

2. 螺纹剪切失效

往往出现在螺纹最末端的完整扣处。锥度越大,螺纹越短,越容易发生剪切失效现象。松科二井 5-1/2(139.7mm)S135 材质钻杆,采用 1∶16 锥度,螺纹长 140mm,目前钻进 5555.5m 未出现钻杆破坏现象。

3. 断裂

螺纹最末端完整扣处往往应力最大。断裂现象常出现在螺纹最末端完整扣处。因此,小规格钻具接头螺纹和钻铤螺纹常加工有应力分散槽等特殊结构,以减小应力集中现象。

4. 滑扣

螺纹锥度较大时,上紧圈数尚未达到额定圈数而扭矩就已达到推荐值,此时在轴向拉力作用下,往往会出现滑扣。除此之外,螺纹间隙充填物不合理也易产生滑扣现象。

5. 倒扣

螺纹上紧扭矩过小未能达到额定值或牙高偏小,导致螺纹无法承受施加的轴向载荷和孔内扭矩,从而出现倒扣失效,造成钻具脱扣掉入钻孔内。

6. 刺扣和密封失效

钻进过程中,钻具的扭转振动往往会造成钻具回转速度时快时慢。当钻具突然加速旋转时,扭矩会瞬间增大。此时,在钻具和孔壁、外螺纹和内螺纹的交互作用下,钻具接头处往往会产生很高的热量,导致螺纹脂从螺纹间隙中流出,造成密封失效而引起刺扣。除此之外,加工精度过低、不合理的公差配合以及过少的螺纹过盈量,都是产生刺扣现象的重要原因。

二、螺纹的检测

(1)钻具接头螺纹在生产加工中,必须符合各项尺寸公差和形位公差要求,并按规定正确使用螺纹量规检验螺纹紧密距和各项极限偏差。

(2)在使用现场,可采用牙型规对螺纹的磨损情况进行检测。螺纹剩余牙顶宽度不小于原牙顶宽度的1/2,牙顶高度不低于原牙顶高度的2/3。磨损牙数不超过3.5牙时,螺纹仍可继续使用,否则必须进行修扣处理。

第一节 地质岩心钻探管材螺纹

一、普通钻杆

普通钻杆主要用于深孔和孔径较大的钻孔提钻取心钻探,也可用于工程地质和水文地质施工。钻杆体主要有内加厚和外加厚两种形式,分别如图2-1和图2-2所示,规格参数见表2-1。

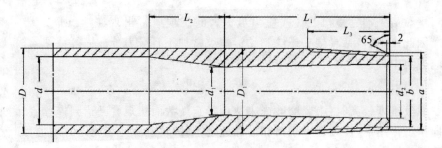

图 2-1 内加厚外螺纹钻杆体

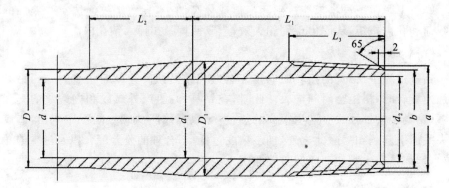

图 2-2 外加厚外螺纹钻杆体

表 2-1 钻杆外螺纹参数 （单位：mm）

加厚方式	钻杆外径	公称内径	加厚部分						螺距	端部螺纹大径	端部螺纹小径	螺纹锥度
			外径	内径	端部内径	加厚长度	过渡长度	螺纹长度				
	D	d	D_1	d_1	d_2	L_1	L_2	L_3	P	a	b	
内加厚	42	33	43	22	25	110	40	50	2.54	39.621	37.001	1:16
	50	39	51	28	32	120	50	55		47.308	44.688	
	60	48	61	34	38	120	55	60		57.183	53.833	
外加厚	60	48	69	48	51	120	65	60	3.175	64.493	61.143	
	73	59	81.8	59	62	120	65	67		78.357	75.007	
	89	69	99	69	73	130	65	67		93.724	90.374	

钻杆与钻杆接箍或钻杆接头的连接螺纹(左旋或右旋)牙形以及尺寸见图2-3和表2-2的规定。

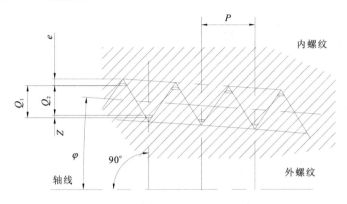

图2-3 钻杆与钻杆接箍或钻杆接头的连接螺纹

表2-2 钻杆与接箍螺纹参数 (单位:mm)

每英寸牙数	螺距 P	牙高 Q_1	工作牙高 Q_2	牙顶削平高度 e	螺纹间隙 Z	倾斜角度 φ	锥度 $2\tan\varphi$
8	3.175	1.675	1.464	0.643	0.211	1°47′24″	1:16
10	2.54	1.31	1.132	0.534	0.178		1:16

注:1.螺距 P 测量应平行于螺纹中心线;2.牙形角的角平分线垂直于螺纹中心线。

钻杆锁接头和基本尺寸如图2-4和表2-3所示。钻杆锁接头螺纹如图2-5、表2-4和表2-5所示。其中,Φ60mm 外加厚、Φ73mm、Φ89mm 锁接头螺纹亦可采用石油钻杆 NC26、NC31、NC38 螺纹(GB/T 9253.1—1999)。

表2-3 钻杆锁接头尺寸参数 (单位:mm)

钻杆规格		D	B	d	L_2	l	H	$L_外$	L_1	L_3	$L_内$	L_4	L_5
内加厚	42	57	44	22	40	60	41	165	75	40	230	65	75
	50	65	52	28	45	65	46	190	80	50	255	75	80
	60	75	62	38	50	70	55	215	90	70	290	90	90
外加厚	60	86	70.6	44.5	50	70	59	241	95	70	310	100	95
	73	105	84.9	50	50	92	80	343	112	90	280	118	112
	89	121	101.8	68	50	95	98	355	112	102	296	134	112

注:1.锁接头连接钻杆的螺纹与接箍相同;2.Φ73mm、Φ89mm 钻杆锁接头双切口在公接头上。

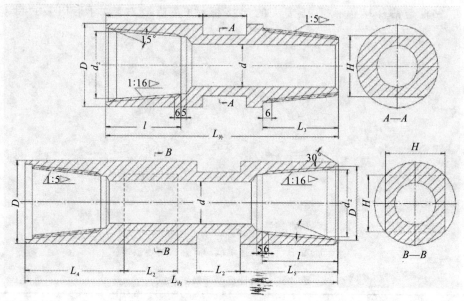

图 2-4 钻杆锁接头螺纹

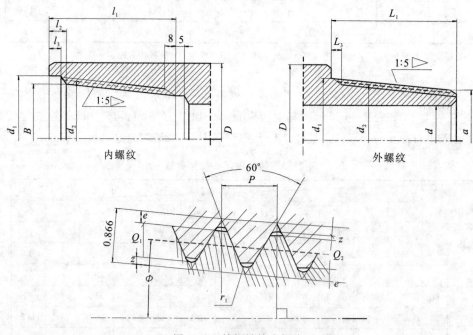

图 2-5 钻杆锁接头螺纹

第二章　钻具螺纹设计基础

表 2-4　钻杆锁接头螺纹参数(一)　　　　　　　　　　　　　　　　　　(单位:mm)

钻杆规格		接头外径 D	基面螺纹平均直径 d_2	外锁接头				内锁接头			
				螺纹长度 L_1	端部螺纹大径 a	根部直径 d_3	螺尾长度 L_3	螺纹长度 l_1	端部螺纹小径 B	镗孔直径 d_1	镗孔深度 l
内加厚	42	57	40.808	40	37	45	6	50	40.014	46	9
	50	65	48.808	50	43	53	6	60	48.614	54	9
	60	75	59.631	60	53	63	6	70	60.612	66	9
外加厚	60	86	67.111	70	61.38	73.05	6	80	67.464	74.612	9
	73	105	80.848	90	71.128	86.128	12	98	80.86	88.7	16
	89	121	96.723	102	85	85	12	110	96.735	104.6	9

表 2-5　钻杆锁接头螺纹参数(二)　　　　　　　　　　　　　　　　　　(单位:mm)

钻杆规格		公扣根部至基面的距离 L_3	母扣端部至基面的距离 l_2	每英寸牙数	螺距 P	牙高 Q_1	工作牙高 Q_2	顶角削平高度 e	螺纹底半径 r_1	间隙 z	倾斜角度 φ	锥度 $2\tan\varphi$
内加厚	42	10	10.99	6	4.233	2.521	2.192	0.731	0.432	0.308	5°42′38″	1:5
	50											
	60	15.875	16.875									
外加厚	60	15.875	16.875	4	6.35	3.755	3.293	1.097	0.635	0.362	4°45′48″	1:6
	73											
	89											

二、绳索取心钻杆

1. 绳索取心钻杆螺纹设计要点

梯形螺纹是钻杆柱组合中采用的重要螺纹形式,梯形螺纹分为圆柱形梯形螺纹和圆锥形梯形螺纹,如图 2-6 所示。锥形螺纹具有承接危险面大、密封性能好、拧卸方便的特点。同时,公母接头两端一般设计有 15°密封角(楔锁式,wedge-lock),这样不仅具有密封作用,而且可以防止发生公螺纹收口和母螺纹呈喇叭口状的现象,增加钻具连接的刚度。绳索取心钻具连接螺纹主要采用圆锥形梯形螺纹,而岩心管接头、扩孔器、钻头螺纹等则采用圆柱形梯形螺纹。圆锥形梯形螺纹

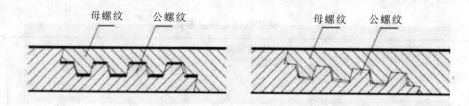

图 2-6 圆柱形梯形螺纹和圆锥形梯形螺纹

的主要技术参数包括螺纹直径、螺纹长度、螺纹锥度、齿高、齿形角、螺距、密封角和齿间隙等。

绳索取心钻杆螺纹结构,先有 1984 年原地质矿产部标准(DZ 1.2—1984),后有 1997 年的国家标准(GB/T 16951—1997)。近几年随着钻探孔深的加大,国外钻杆螺纹也在不断地变化,如德国 MICON 公司的变锥度钻杆螺纹、美国宝长年公司的"负角度面"防脱扣钻杆螺纹等。同时,国内一些研究机构和生产厂家也根据使用条件的变化不断改进、优化钻杆螺纹,普通钻杆和加厚钻杆接头螺纹牙高由 0.75mm 加大到 1.00~1.20mm,有的设计采用内外螺纹不等的牙高,这样可以大大降低螺纹脱扣的风险。由于绳索取心钻杆最为薄弱的环节为接头螺纹距公扣大端 2 扣处,接头锥度的加大有利于应力分散更加均匀。国内外绳索钻杆接头螺纹锥度在 1:16~1:30 之间变化,近几年,国内一些厂家(表 2-6)也把内外螺纹设计成不同的锥度,内螺纹为 1:33,外螺纹为 1:28。螺纹副配合时在整个长度上分别形成过盈、过渡和间隙配合。几种不同标准绳索取心钻杆螺纹参数对比见表 2-7。

表 2-6 武汉金地绳索钻杆主要规格及锥度参数

型号	规格(mm)	公接头螺纹锥度	母接头螺纹锥度
YS60	Φ55.5×4.75	1:30	1:30
YS75	Φ71×5	1:28	1:33
YS75 重索	Φ72×6	1:28	1:33
JS59(BQ)	Φ55.5×4.75	1:30	1:30
JS75(NQ)	Φ71×5	1:30	1:30
S56	Φ53×4.5	1:28	1:30
S59	Φ55.5×4.75	1:28	1:32
S75	Φ71×5	1:28	1:32
S95(HQ)	Φ89×6.5	接头之间 1:16	接头与钻杆之间 1:30

表 2-7 绳索取心钻杆螺纹参数对比(以 Φ71mm 钻杆为例)

钻杆	螺距(mm)	牙高(mm)	牙型角(°)	螺纹长(mm)	接头螺纹锥度	密封面角度(°)
DZ 1.2—1984 标准	8	0.75	30	42	1:30	15
GB/T 16965—1997 标准	8	内 0.75,外 0.80	30	42	1:30	15
长年公司 HQ 标准	3 扣/in(8.466)	1.2	29	44.5	1:30	15
多个厂标	8	1	30	55	1:28～1:30	15
	8	1.2	10	50	1:29～1:31	15
	8	1.5	45	45	1:30～1:30	15

在绳索取心钻杆螺纹的设计中应注意以下几点。

提高螺纹光洁度和精度要求。齿顶和齿侧加工表面粗糙度不低于 3.2,齿底表面粗糙度不低于 1.6,国外一般齿顶和齿侧位表面粗糙度 1.6,齿底表面粗糙度 3.2。螺纹尖角部分全部倒圆,齿顶圆角为 R 0.2～0.3mm,齿底 R 0.1～0.2mm,不完整扣长度的 1/2 沿螺纹底径切线方向倒平,以消除应力集中,避免螺纹拧卸时的粘扣和咬扣现象等。

严格控制公母螺纹的长度公差。螺纹长度需要仔细测标,当大端形成良好密封时,小端保持 −0.016～0.439mm 间隙。一般母螺纹稍长于公螺纹(长 0～0.3mm),如果钻杆负荷超过其强度极限,例如发生卡钻事故,母螺纹端部首先凸起变形,不仅易于发现,而且不影响内管总成和打捞器的升降。

保证公母螺纹拧紧时有一定的手拧紧密距(以 1.0～1.5mm 为宜)。可以通过公母螺纹的内外径公差和公母螺纹的不同锥度进行控制,如直径 Φ71mm 钻杆公螺纹锥度 1:28,母螺纹锥度 1:32,当公母螺纹拧紧时,在螺纹大端一定范围内产生过盈,从而增强螺纹的连接刚性,改善螺纹的受力状态。

采用螺纹大径定心,内、外螺纹的大径公差比较严格(0.04mm),小径要求较宽(0.10mm);采用正值紧密距以确保大端的过盈配合。采用楔锁式结构进行双端面密封,同时可避免内螺纹大端的胀裂和外螺纹小端的聚拢。密封面的阳角都选用 +30′ 的公差、阴角选用 −30′ 的公差,即在一定程度上缩小了密封的间隙。牙型的顶端、底端两侧均倒钝或加工圆角,消除内部应力。牙顶宽保有较大的公差,允许产生 0.233～0.367mm 的牙侧间隙。

倒勾扣系列钻杆(也称 C 系列钻杆)也是近些年发展起来的深孔绳索取心钻探扣型,其最大的特点是钻杆螺纹规格是倒勾型螺纹,如图 2-7 所示。现有产品参数见表2-8。

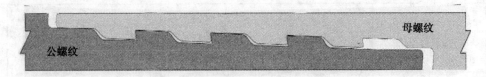

图 2-7 倒勾扣螺纹

表 2-8 无锡钻探工具厂倒钩钻杆螺纹参数

钻杆规格		Φ89	Φ71
钻杆型号		CHHT	CNHT
钻杆设计深度(m)		1800	2500
材质		30CrMnSi	XJY850
钻杆尺寸(mm)		Φ89×5	Φ71×4.8
钻杆长度(m)		3	4.5
钻杆结构形式		杆体两端加厚，带接头	杆体两端加厚，自接式
热处理		整体调质	整体调质
表面处理		接头整体镍磷镀	钻杆体两端螺纹镍磷镀
螺纹参数	结构形式	大角度不对称梯形扣	小角度不对称梯形扣
	锥度	1:22/1:21.569	1:30/1:29.122
	长度(mm)	55	50
	深度(mm)	1	1
钻杆密封形式		15°密封角、台阶密封	15°密封角

2. 常规型绳索取心钻杆

钻杆体的规格尺寸如图2-8及表2-9所示。

第二章 钻具螺纹设计基础

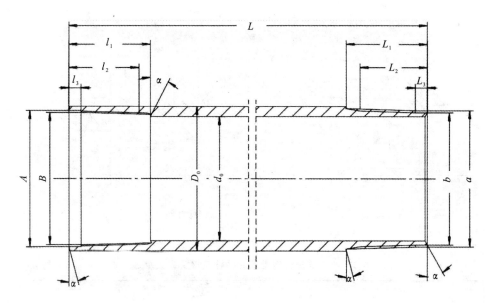

图 2-8 常规绳索取心钻杆

表 2-9 常规绳索取心钻杆参数 （单位:mm）

代号	AWL	BWL	NWL	HWL	PWL
组装成钻杆单根长度			1500/3000/4500		
钻杆体外径 D_0	44.5	55.5	70	89	114.3
钻杆体内径 d_0	35	46	60	78	101.5
内螺纹长 l_1	42	42	44.5	48	48
内螺纹完整螺纹长 l_2	37	37	40	43	43
内螺纹端镗孔长 l_3	6	6	6	6	6
外螺纹长 L_1	42	42	44.5	48	48
外螺纹完整螺纹长 L_2	37	37	40	43	43
外螺纹端台肩长 L_3	4	4	4	4	4
内螺纹大端大径 A	40.783	51.722	65.942	84.531	108.94
内螺纹大端小径 B	39.283	50.222	64.442	82.831	107.24
外螺纹大端大径 a	40.816	51.755	65.975	84.564	108.973
外螺纹大端小径 b	39.216	50.155	64.375	82.764	107.173
螺纹锥度	1:30	1:30	1:30	1:30	1:30
密封楔角 α	15°	15°	15°	15°	15°

常规型绳索取心钻杆螺纹参数如图2-9及表2-10所示。

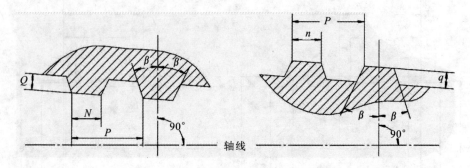

图2-9 常规型绳索取心钻杆螺纹

表2-10 常规型绳索取心钻杆及接头螺纹参数 （单位：mm）

代号	AWL	BWL	NWL	HWL	PWL
内螺纹牙顶宽 N	3.8	3.8	3.8	3.77	4.77
外螺纹牙顶宽 n	3.785	3.785	3.785	3.759	4.759
内螺纹牙高 Q	0.75	0.75	0.75	0.85	0.85
外螺纹牙高 q	0.8	0.8	0.8	0.9	0.9
螺距 P	8	8	8	8	10
牙型半角 β	15°	15°	15°	15°	15°
牙顶倒圆 r	0.2	0.2	0.2	0.2	0.2
牙底倒圆 R	0.1	0.1	0.1	0.1	0.1

3. 加强型绳索取心钻杆

为了进一步提高绳索取心钻杆的整体强度，形成了加强型绳索取心钻杆系列。加强型钻杆体规格尺寸如图2-10及表2-11所示。

目前，国内加强型钻杆螺纹主要有梯形螺纹、不对称梯形螺纹和负角度梯形螺纹等。采用不对称梯形螺纹和负角度梯形螺纹的加强型绳索取心钻杆抗拉脱能力强，密封性较好，适合深孔绳索取心钻探施工。绳索取心钻杆梯形螺纹参数如图2-11及表2-12所示。不对称梯形螺纹参数如图2-12及表2-13所示。负角度梯形螺纹参数如图2-13及表2-14所示。

第二章 钻具螺纹设计基础

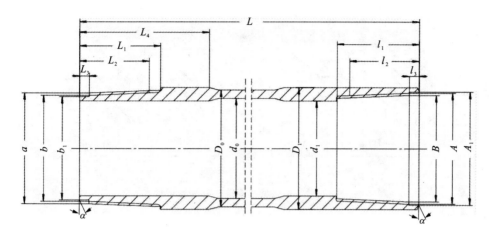

图 2-10 加强型绳索取心钻杆体

表 2-11 加强型绳索取心钻杆基本参数 （单位：mm）

代号	NWLF	HWLF
钻杆体长 L	2830	2825
钻杆体外径 D_0	70	89
钻杆体内径 d_0	60	79
钻杆加厚外径 D_1	74	92
钻杆体加厚内径 d_1	58	77
内螺纹镗孔直径 A_1	68.336	86.95
内螺纹大端大径 A	68.136	86.75
内螺纹大端小径 B	65.736	84.35
外螺纹小端大径 a	65.864	84.25
外螺纹小端小径 b	63.464	81.85
外螺纹台肩直径 b_1	63.264	81.65
内螺纹长 l_1	50	55
内螺纹完整螺长 l_2	44	49
内螺纹镗孔长 l_3	6	6
外螺纹长 L_1	50	55
外螺纹完整螺长 L_2	44	49
外螺纹台肩长 L_3	6	6
钻杆体端部加厚长 L_4	100	100
螺纹锥度	1:22	1:22
密封楔角 α	15°	15°

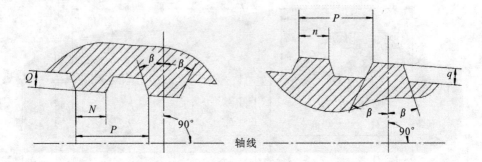

图 2-11 加强型绳索取心钻杆梯形螺纹

表 2-12 加强型绳索取心钻杆梯形螺纹参数　　　　　　　　（单位：mm）

代号	NWLF	HWLF
内螺纹牙顶宽 N	3.705	3.705
外螺纹牙顶宽 n	3.651	3.651
内螺纹牙高 Q	1.1	1.1
外螺纹牙高 q	1.2	1.2
螺距 P	8	8
牙型半角 β	15°	15°
牙顶倒圆 r	0.2	0.2
牙底倒圆 R	0.1	0.1
螺纹锥度	1:22	1:22

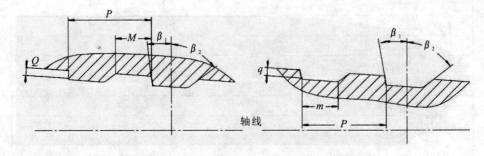

图 2-12 加强型绳索取心钻杆不对称梯形螺纹

表2-13 加强型绳索取心钻杆不对称梯形螺纹参数 （单位:mm）

代号	NWLF	HWLF
内螺纹牙顶宽 M	3.421	3.421
外螺纹牙顶宽 m	3.317	3.317
内螺纹牙高 Q	1.1	1.1
外螺纹牙高 q	1.2	1.2
螺距 P	8	8
牙型前角 β_1	3°	3°
牙型后角 β_2	45°	45°
螺纹锥度	1∶22	1∶22

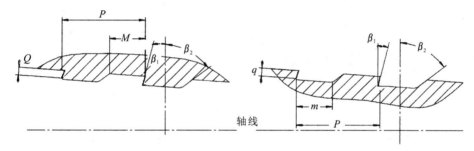

图2-13 加强型绳索取心钻杆负角度梯形螺纹

表2-14 加强型绳索取心钻杆负角度梯形螺纹 （单位:mm）

代号	NWLF	HWLF
内螺纹牙顶宽 M	3.547	3.547
外螺纹牙顶宽 m	3.465	3.465
内螺纹牙高 Q	1.1	1.1
外螺纹牙高 q	1.2	1.2
螺距 P	8	8
牙型前角 β_1	10°	10°
牙型后角 β_2	45°	45°
螺纹锥度	1∶22	1∶22

三、金刚石岩心钻探管材螺纹

本标准采用圆柱形梯形螺纹,适用于 GB 3423—1982《金刚石岩心钻探用无缝钢管》中除绳索取心专用钻杆、岩心管内管之外的各种岩心管、套管、扩孔器、钻头螺纹的加工。石油岩心管和套管螺纹设计时参考相关标准,在这里不再赘述。

我们知道,梯形外螺纹代号用字母Tr及公称直径×螺距与旋向表示,左旋螺纹旋向为LH,右旋不标。梯形外螺纹公差带代号仅标注中径公差带,如7H、7e,大写为内螺纹,小写为外螺纹,如标记示例Tr40×7—7H/7e。其牙型角为30°,即侧面倾角为15°。而岩心管螺纹(包括岩心管接头、扩孔器、钻头螺纹)则采用牙型半角为5°的特殊梯形螺纹。在同一设计同一规格的钻具组合中,岩心管、钻头、扩孔器的螺纹是通用的。各种规格的螺纹螺距、牙高和牙底宽如图2-14及表2-15、表2-16所示。

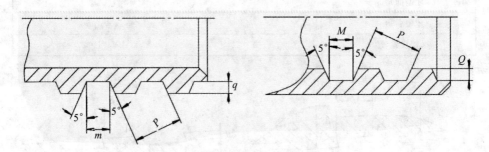

图2-14 岩心管螺纹螺距及牙高示意图

表2-15 各种规格岩心管螺纹螺距及牙高参数　　　　　　　　　　(单位:mm)

	规格	R	E	A	B	N	H	P	S	U	Z
螺纹	单管	3	3	4	6	6	6	8	8	8	8
	MT外管	3	3	4	6	6	6	8	8	8	8
	MT内管	3	3	4	4	4	4	6	6	6	6
	P外管				6	6	6	8	8	8	8
	P内管				4	4	4	6	6	6	6
	WL外管			4	6	6	6	8			
	WL内管			4	4	4	4	6			
牙高	单管	0.5	0.5	0.75	0.75	0.75	0.75	1	1	1	1
	MT外管	0.5	0.5	0.75	0.75	0.75	0.75	1	1	1	1
	MT内管	0.5	0.5	0.5	0.5	0.5	0.5	0.5	0.75	1	1
	P外管					0.75	0.75	1	1	1	1
	P内管					0.5	0.5	0.5	0.75	1	1
	WL外管			0.75	0.75	0.75	0.75	1			
	WL内管				0.5	0.5	0.5	0.5			

表 2-16　岩心管螺纹牙底宽　　　　　　　　　（单位:mm）

牙高	螺距							
	3		4		6		8	
	M	m	M	m	M	m	M	m
0.5	1.456	1.486	1.956	1.986	2.956	2.986		
0.75	1.434	1.464	1.934	1.964	2.934	2.964		
1					2.912	2.942	3.912	3.942

套管、套管接箍、套管鞋也采用特梯螺纹连接,螺纹基本牙型和参数符合图 2-15 及表 2-17 的规定。

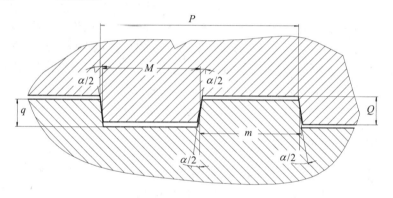

图 2-15　地质套管牙形图

表 2-17　套管螺纹基本牙型参数　　　　　　　（单位:mm）

螺纹牙形参数	套管直径 D		
	$D \leqslant 46$	$46 < D < 91$	$D \geqslant 91$
螺距 P	4	6	8
牙型高度 Q/q	0.75	0.75	1
牙型半角 $\alpha/2$	5°	5°	5°
外螺纹牙顶宽 m	1.922	2.919	3.898
内螺纹牙顶宽 M	1.934	2.934	3.913
牙顶间隙	0.006	0.0075	0.0075

注:螺纹牙顶边缘的圆角半径不应大于 $0.3^{0}_{-0.1}$ mm,牙底圆角半径不应大于 0.2mm。

第二节 API 钻具接头螺纹

随着牙轮钻进、空气潜孔锤钻进、气举反循环钻进等钻探工艺的推广使用，API 系列井内钻柱构件和井下工具也得到了越来越广泛的应用。尤其是连接钻柱构件的 API 系列钻具接头螺纹，更是起着不可或缺的作用。生产实践表明：石油钻井中，钻铤失效事故占整个钻柱事故的 51.1%，其中接头螺纹问题占 98.5%，又其中内螺纹问题占 34.0%，外螺纹占 66.0%。分析认为，螺纹的载荷分布是非线性的，在旋合时，其轴向应力的 80% 由距离台肩面 1~3 螺纹处来承担，钻铤接头外螺纹台肩处几乎支撑着所有的弯曲应力，外螺纹第一牙载荷高达 39.5%，第二牙 23.9%，依次递减，第七牙后承受载荷很小。因此，台肩将产生应力集中，最大弯曲应力也发生在内螺纹接头和外螺纹接头连接的最后一道螺纹附近，其位置恰为距离外螺纹台肩 20~30mm 的连接螺纹处，断裂位置也在此处。推及到整个石油钻柱，为了改善螺纹的抗疲劳性能，往往采用在靠近外螺纹台肩处和内螺纹根部都加工应力分散槽，并进行表面滚挤压以减少应力集中。因此，熟悉掌握 API 系列钻具接头螺纹的相关技术规范和设计要求非常必要。

一、螺纹特点和类型

API 系列钻具接头螺纹主要用于钻杆、钻铤、钻具稳定器和转换接头等钻井工具及钻柱构件的连接。设计可参考 API SPEC7、GB/T 9253.1—1999、SY/T 5144—2007 及 GB/T 4749—2003 等标准。API SPEC7 将钻具接头螺纹称为"旋转台肩连接"，这种锥形螺纹能够通过轴向位移来补偿连接部分的直径误差，因此互换程度高，结合紧密，密封性好，上卸扣速度快。其技术特点为"英制锥管螺纹、有台肩连接、三角形螺纹"，因此在管材连接中应用极为广泛。

API 系列钻具接头螺纹按螺纹形式分为四大类，分类情况见表 2-18。

表 2-18 钻具接头螺纹类型

序号	螺纹形式	英文写法	螺纹牙型	规格与种类
1	数字型(NC)	Number Style Connection Threads	V-0.038R	NC23~NC77 共计 13 种
2	内平型(IF)	Internal Flush Style Connection Threads	V-0.065	2-5/8~5-1/2in 共计 6 种
3	贯眼型(FH)	Full Hole Style Connection Threads	V-0.065 V-0.050 V-0.040	3-1/2~6-5/8in 共计 5 种
4	正规型(REG)	Regular Style Connection Threads	V-0.050 V-0.040	2-3/8~8-5/8in 共计 8 种

第二章　钻具螺纹设计基础

1. 数字型螺纹(NC)

该型螺纹采用螺纹代号＋1/10倍的螺纹基面中径(节圆)来表示。例：NC38表示螺纹基面中径为3.8in；NC26表示中径(节圆)直径为2.668in,小数部分只取第一位小数。

数字型螺纹(NC)是API推荐优先使用的螺纹类型。该螺纹有1∶6和1∶4两种锥度标准,所有规格螺纹均采用V-0.038R平顶圆底三角形牙型。牙型特点为圆形牙底,牙底半径为0.038in。数字型扣采用牙形底半径要比正规扣、贯眼扣、内平扣半径大,减少了牙底应力集中,正规扣螺纹寿命是数字型螺纹寿命的84%,主要应用于钻杆、钻铤和钻具稳定器等钻柱构件的连接。

2. 内平型螺纹(IF)

该型螺纹主要用于连接外加厚或内外加厚的钻杆。接头内径、管端加厚处内径与钻杆内径有着相等或近似相等的通径。所有规格螺纹均采用V-0.065平顶平底三角形牙形。这种牙型的特点为平牙顶,平牙底,牙顶宽度为0.065in。

该型螺纹除5-1/2IF规格外,其他规格因其结构尺寸与相应的数字型螺纹完全相同,因此与数字型螺纹具有互换性。

内平型螺纹的牙型结构易导致应力集中,故API已将其逐步淘汰。相应规格螺纹由同规格的数字型螺纹所取代。被淘汰螺纹与数字型螺纹互换情况见表2-19。

表2-19　螺纹互换类型对照表

序号	淘汰类型螺纹	数字型螺纹
1	2-3/8IF	NC26
2	2-7/8IF	NC31
3	3-1/2IF	NC38
4	4FH	NC40
5	4IF	NC40
6	4-1/2IF	NC50

3. 贯眼型螺纹(FH)

该型螺纹主要应用于连接内、外加厚的钻杆。钻杆接头内径与加厚端内径相等,但均小于钻杆的管体内径。该型螺纹规格尽管数量不多,但却使用了包括V-0.065、V-0.050(牙底为圆弧,牙顶宽度为0.050in)和V-0.040(牙底为圆弧,牙顶宽度为0.040in)3种牙型。该螺纹曾广泛用于水龙头、方钻杆、钻铤和钻头的连接。现除5-1/2FH和6-5/8FH两种使用V-0.050牙型、1∶6锥度的大规格螺纹外,其余规格均被 API 列入淘汰范围。原使用较广的 4FH 螺纹同内平型螺纹一样,被同规格的数字型螺纹所取代。

4. 正规型螺纹(REG)

该型螺纹曾用于连接内加厚钻杆。钻具接头内径小于加厚端内径,而加厚端内径又小于钻杆内径。API 设计正规型螺纹的主要目的是将其应用在钻头螺纹的连接上。由于钻头位置处于钻柱末端,所以尽管螺纹牙型也存在应力集中现象,但对整个钻柱连接强度影响不大,因此可以忽略不计。在修改后的 API SPEC7 第 40 版中,API 将所有的螺纹规格全部保留了下来。

正规型螺纹使用 V-0.050 和 V-0.040 两种牙型。在 API SPEC7 第 40 版中,又增加了 V-0.055 牙型(平牙底,牙顶宽度为 0.055in)的 1REG 和 1-1/2REG 两种螺纹规格。

二、螺纹牙型和精度加工要求

1. 螺纹牙型

螺纹牙型有 V-0.038R、V-0.040、V-0.050、V-0.055、V-0.065 五种类型。螺纹牙型及尺寸参数如图 2-16、图 2-17 和表 2-20 所示。

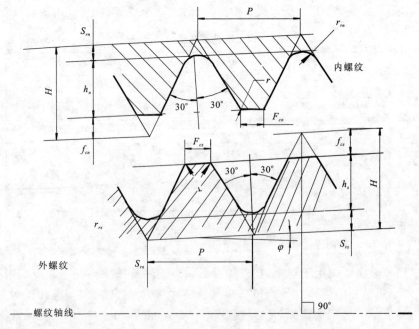

图 2-16　V-0.038R、V-0.040 和 V-0.050 螺纹牙型

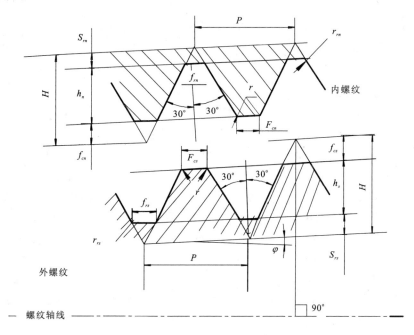

图 2-17 V-0.055 和 V-0.065 螺纹牙型

表 2-20 钻具接头螺纹牙型尺寸表 （单位：mm）

螺纹牙型	V-0.038R	V-0.038R	V-0.040	V-0.050	V-0.050	V-0.055	V-0.065
螺距	6.35(4)*	6.35(4)*	5.08(5)*	6.35(4)*	6.35(4)*	4.233(6)*	6.35(4)*
锥度	1:6	1:4	1:4	1:4	1:6	1:8	1:6
原始三角形高度 H	5.487	5.471	4.376	5.471	5.487	3.660	5.487
牙形高度 $h_n = h_s$	3.095	3.083	2.993	3.742	3.755	1.420	2.831
牙顶削平高度 $f_{cn} = f_{cs}$	1.427	1.423	0.875	1.094	1.097	1.209	1.426
牙底削平高度 $S_{rn} = S_{rs}$	0.965	0.965	0.508	0.635	0.635	1.031	1.229
牙顶宽度 $F_{cn} = F_{cs}$	1.651	1.651	1.016	1.270	1.270	1.397	1.651
牙底宽度 $f_{rn} = f_{rs}$	—	—	—	—	—	1.194	1.422
牙底圆角半径 $r_{rn} = r_{rs}$	0.965	0.965	0.508	0.635	0.635	—	—
圆角半径 r	0.381	0.381	0.381	0.381	0.381	0.381	0.381
螺纹代号	NC23~NC50	NC56~NC77	2-3/8REG~4-1/2REG 3-1/2FH~4-1/2FH	5-1/2REG 7-5/8REG 8-5/8REG	6-5/8REG 5-1/2FH 6-5/8FH	NC10~NC16 1REG 1-1/2REG	2-3/8IF~5-1/2IF 4FH

* 括号中数据单位为牙/in。

2. 螺纹加工精度要求

(1)螺距极限偏差。在完整螺纹范围内,任一段沿轴向25.4mm长度内的螺纹累积偏差为±0.038mm。在完整螺纹的整个范围内,按螺纹总长度的1/1000计算。

(2)牙侧角极限偏差。为±45′。

(3)锥度极限偏差。在完整螺纹范围内,折算到304.8mm轴向长度上,螺纹中径圆锥的平均锥度极限偏差为外螺纹$_0^{+0.762}$、内螺纹$_{-0.762}^0$。

(4)牙形高和牙顶高的极限偏差。应符合图2-18和表2-21的规定。

(5)紧密距极限偏差。应符合GB/T 4749—2003中的相关规定。

(6)螺纹结构的其他尺寸公差和形位公差。应满足图2-19、图2-20和表2-22至表2-24中的相关要求。注意,由于螺纹是锥形的,那么测量直径方面的尺寸时是随着测量位置的不同而发生变化的。在基准面上规定了螺纹公称尺寸,这个就是基准。基准平面是内外螺纹刚好旋合时的状态,继续旋合就产生密封,这也是绘图的依据。

(7)特殊结构。对于钻铤和小规格的钻具接头螺纹(NC10~NC16),内外螺纹的收尾部分可根据需要加工成密封槽、应力分散槽和密封锥面等特殊结构。

图2-21为石油钻杆接头及钻铤螺纹实物图。

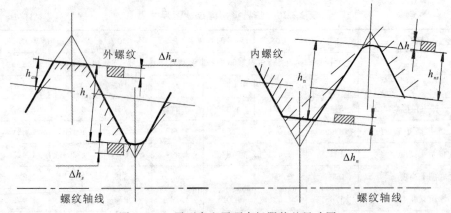

图2-18 牙型高和牙顶高极限偏差尺寸图

表2-21 牙型高、牙顶高极限偏差尺寸

螺距(mm)	牙顶高 $h_{ns}=h_{as}$	牙型高 $h_n=h_s$
	$\Delta h_{ns}=\Delta h_{as}$	$\Delta h_n=\Delta h_s$
4.233	$_{-0.08}^{0}$	$_0^{+0.06}$
5.080	$_{-0.120}^{0}$	$_0^{+0.08}$
6.350	$_{-0.180}^{0}$	$_0^{+0.120}$

第二章 钻具螺纹设计基础

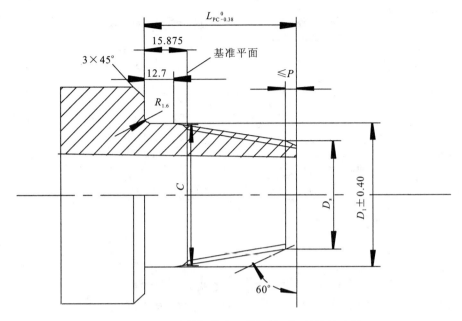

图 2-19 石油钻杆接头及钻铤外(公)螺纹尺寸图

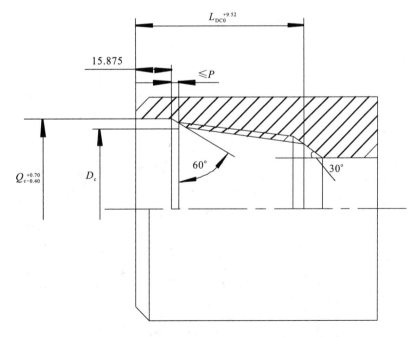

图 2-20 石油钻杆接头及钻铤内(母)螺纹尺寸图

表 2-22 数字型(NC)接头螺纹尺寸参数 (单位:mm)

螺纹类型	螺纹牙型	螺距 P	每英寸牙数	锥度	外螺纹大端外径 $D_1 \pm 0.40$	外螺纹小端外径 D_s	外螺纹长度 $L_{PC}{}_{-3.18}^{0}$	内螺纹大端内径 D_c	镗孔直径 $Q_c{}_{-0.40}^{+0.70}$	内螺纹锥孔长度 $L_{DC}{}_{0}^{+9.52}$
NC31	V-0.038R	6.350	4	1:6	86.131	71.323	88.90	80.859	87.71	104.78
NC35	V-0.038R	6.350	4	1:6	94.971	79.096	95.25	89.698	96.84	111.13
NC38	V-0.038R	6.350	4	1:6	102.006	85.065	101.60	96.734	103.58	117.48
NC46	V-0.038R	6.350	4	1:6	122.784	103.734	114.30	117.511	124.62	130.18
NC50	V-0.038R	6.350	4	1:6	133.350	114.300	114.30	128.070	134.94	130.18
NC56	V-0.038R	6.350	4	1:4	149.250	117.500	127.00	143.990	150.81	142.88
NC70	V-0.038R	6.350	4	1:4	185.750	147.650	152.40	180.490	187.33	168.28
NC77	V-0.038R	6.350	4	1:4	203.200	161.950	165.10	197.965	204.78	180.98

表 2-23 正规型(REG)接头螺纹尺寸参数 (单位:mm)

螺纹代号	螺纹牙型	螺距 P	每英寸牙数	锥度	外螺纹大端外径 $D_1 \pm 0.40$	外螺纹小端外径 D_s	外螺纹长度 $L_{PC}{}_{-3.18}^{0}$	内螺纹大端内径 D_c	镗孔直径 $Q_c{}_{-0.40}^{+0.70}$	内螺纹锥孔长度 $L_{DC}{}_{0}^{+9.52}$
2-3/8REG	V-0.040	5.080	5	1:4	66.675	47.625	76.20	61.423	68.26	92.08
2-7/8REG	V-0.040	5.080	5	1:4	76.200	53.925	88.90	70.948	77.79	104.78
3-1/2REG	V-0.040	5.080	5	1:4	88.900	65.075	95.25	83.636	90.49	111.13
4-1/2REG	V-0.040	5.080	5	1:4	117.475	90.475	107.95	112.211	119.06	123.83
5-1/2REG	V-0.050	6.350	4	1:4	140.208	110.058	120.65	133.630	141.68	136.53
6-5/8REG	V-0.050	6.350	4	1:6	152.197	131.039	127.00	145.601	153.99	142.88
7-5/8REG	V-0.050	6.350	4	1:4	177.800	144.475	133.35	171.235	180.18	149.23
8-5/8REG	V-0.050	6.350	4	1:4	201.981	167.843	136.53	195.417	204.38	152.40

图 2-21 石油钻杆接头及钻铤螺纹实物

表 2-24　贯眼型(FH)、内平型(IF)接头螺纹尺寸参数　　　　　　（单位：mm）

螺纹代号	螺纹牙型	螺距 P	每英寸牙数	锥度	外螺纹大端外径 $D_1 \pm 0.40$	外螺纹小端外径 D_s	外螺纹长度 $L_{PC}{}_{-3.18}^{0}$	内螺纹大端内径 D_c	镗孔直径 $Q_c{}_{-0.40}^{+0.70}$	内螺纹锥孔长度 $L_{DC}{}_{0}^{+9.52}$
贯眼型(FH)										
3-1/2FH	V-0.040	5.080	5	1:4	101.448	77.622	92.25	96.187	102.79	111.13
4FH	V-0.065	6.350	4	1:6	108.712	89.662	114.30	103.440	110.33	130.18
4-1/2FH	V-0.040	5.080	5	1:4	121.717	96.317	101.60	116.456	123.83	117.48
5-1/2FH	V-0.050	6.350	4	1:6	147.955	126.797	127.00	141.364	150.02	142.88
6-5/8FH	V-0.050	6.350	4	1:6	171.526	150.368	127.00	164.951	173.83	142.88
内平型(IF)										
2-3/8IF	V-0.065	6.350	4	1:6	73.050	60.350	76.20	67.778	74.61	92.08
2-7/8IF	V-0.065	6.350	4	1:6	86.131	71.323	88.90	80.859	87.71	104.78
3-1/2IF	V-0.065	6.350	4	1:6	102.006	85.065	101.60	96.734	103.58	117.48
4IF	V-0.065	6.350	4	1:6	122.784	103.734	114.30	117.511	124.62	130.18
4-1/2IF	V-0.065	6.350	4	1:6	133.350	114.300	114.30	128.070	134.94	130.18
5-1/2IF	V-0.065	6.350	4	1:6	162.480	141.326	127.00	157.212	163.91	142.88

第三章　取心钻具结构设计基础

第一节　影响岩心采取率的钻具结构要素

影响取心质量的因素是多方面的,也是极为复杂的,但是综合归纳起来可分为自然因素和人为技术因素两大方面。自然因素就是客观存在的地质因素,其中主要包括岩石的强度、裂隙性、矿物组成的均匀性、各向异性、层理、片理、软硬互层、产状条件以及层面与钻孔轴线的交角等。如果岩矿层松散、软弱、酥脆、破碎、胶结不良、软硬交替、裂隙多、节理片理发育、风化深、易溶蚀,那么钻进时,岩心怕冲刷、怕振动、易磨损、怕淋蚀、易污染,岩矿心容易形成块状、粒状和粉状,这种条件下,如果不采取一些针对性的措施,岩心采取率和品质不易达到要求,甚至完全取不到岩矿心。因此,取心钻具和卡心装置的选择必须与岩石性质相适应。岩心卡断器规格不合要求,结构不当,会引起钻进时岩心堵塞和附加磨损,或者不能保证岩心提断和可靠地卡紧在岩心管内。另外,岩心管弯曲、不圆、与钻头不同心,工作时也会振动,碰撞岩心。本章主要讨论影响岩矿心采取质量的技术因素,包括取心钻具和卡心装置的结构等。

钻具设计和使用时主要考虑的因素如下。

1. 岩心管的回转和振动

这种作用会导致质量不同和回转角速度不一的岩心碎块在岩心管摩擦力的影响下发生相互磨损,在裂隙发育的岩石中磨损更加强烈,而在胶结物软弱和岩石碎屑坚硬的非均质岩石中(如某些砂岩),岩心磨损则更为显著。

2. 冲洗液的冲刷和侵蚀

液流动力作用的大小取决于冲洗液单位消耗量(钻头单位直径所需冲洗液量)的多少和流速的高低。不同的钻进方法采用不同的冲洗液量和流速。一般金刚石钻进时冲洗液量较小,而冲击回转钻进时冲洗液量较大。冲洗液量大和流速高,则冲蚀作用强烈。另外,液流动力作用还与冲洗液种类有关。黏度较大的泥浆,由于其密度较大和流动水力阻力较大而产生较大的破坏。正确选择孔底冲洗液循环方式和采取相应的技术措施有助于减少岩心损失。

3. 孔底破碎岩石方法和钻进规程参数

破碎岩石方法选择适当，钻头结构合理，与所钻岩矿层性质相适应，可加快钻进速度，缩短岩矿心在岩心管中经受破坏的时间，十分有利于提高岩矿心采取率。

钻进规程参数对岩矿心的保全有着不可忽视的影响。压力过大，对松软岩矿层会造成糊钻和岩心堵塞，对坚硬岩矿层则导致钻头变形和孔底钻具弯曲，加速岩矿心的机械破坏。转速过快，钻具受离心力作用大，横向振动大，也会加剧岩矿心的机械破坏。而钻压不足和转速过低，则机械钻速太慢，会延长岩矿心经受破坏的时间。

4. 回次时间和进尺长度

回次时间越长，进尺越多，则岩矿心被破碎、磨损、分选和污染的机会越多，不利于岩矿心的保全。

因此，钻具设计时必须注重钻具结构形式，以满足不同地层、不同工艺、不同装备和不同行业的需求。

对于每种具体的取心方法和工具来说，可能是以一种途径为主，其他途径为辅，也可能是几种途径兼而有之。

双层岩心管钻具是目前提高岩矿心采取率和品质的一种重要工具，在复杂地层和金刚石钻进中得到广泛的应用。它与冲洗液的孔底（局部）反循环配合，可达到保全岩心的综合效果。

双层岩心管钻具由内外两层岩心管组成。工作时外管与内管同时转动的称为双动双管；外管转动而内管不转动的称为单动双管；内管可以用绳索打捞器提到地表的称为绳索取心单动双管。为了适应不同岩矿层取心的需要，双层岩心管钻具可以设计成多种多样的结构型式。

其设计要素如下。

(1) 为避免或减弱机械力（钻具工作时产生的纵向振动和横向振动）对岩矿心的破坏作用，双管钻具中需设置避振缓冲装置，如采用性能良好、灵活可靠、保证内管工作时不转动的单动装置、缓冲弹簧和扶正器等。

(2) 为防止或减轻冲洗液对岩矿心的冲刷作用，双管钻具中应设置隔水和分流装置，如采用超前式内管、底泄式钻头、侧泄式钻头和隔水罩等。

(3) 为防止或缓解岩矿心在内管中的互磨作用，双管钻具中可增加减磨防磨装置，如冲洗液反循环装置、岩心自卡报信机构、内壁镀铬的岩心容纳管和半合管等。

(4) 为防止岩矿心污染，设置隔浆活塞、压入式内管钻头和密封装置等。

(5) 为防止岩矿心从岩心管中脱落，设置爪簧、压卡装置和隔水球阀等。

第二节 典型取心钻具的结构特点

下面介绍几种特色或典型的取心钻具。

一、喷射式反循环金刚石单动双管钻具

图 3-1 为中国地质大学（武汉）张晓西教授、张惠教授设计的专用于水平井取心的喷射式反循环金刚石单动双管钻具。单动的内管具有居中能力，喷射器部分置于单动装置与内管之间，内管连接在分水接头的下部。钻进时，内管和喷射器部分不转动。这种钻具在硬、脆、碎岩矿层中的钻进时效、回次长度和岩矿心采取率都高于普通金刚石单动双管，还可以用于捞取孔底岩矿心碎块和岩粉。

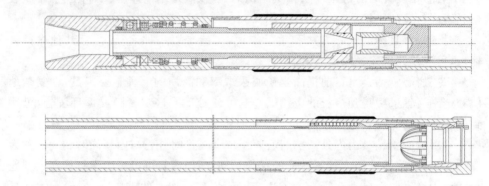

图 3-1 水平井取心喷射式金刚石单动双管钻具

二、KT 系列钻具

图 3-2 为勘探技术研究所设计的三层管单动钻具。单动由挂在心轴上的第二层管实现，松插入二层管内的容纳岩样三层管（衬管），选用透光好，刚度高，物理、化学性质稳定且不易老化的 PC 管，出心时能保障岩心的原始状态和品质。

在松科二井（设计深度 6400m）钻井工程中，主要采用二层岩心管结构的 KT 系列钻具。取心过程采用 KT-298 长三筒钻具，内外管加长（三筒），总长达 34.8m，钻头内外直径为 $\Phi 311.12mm/\Phi 214.0mm$，外岩心管尺寸为 $\Phi 298mm/\Phi 273.52mm$，内管尺寸为 $\Phi 244.5mm/\Phi 223.90mm$；内外管端部轴向间隙设为 20mm；卡簧自由内径比钻头内径小 1mm；采取岩心 30m 以长，取心效果好，钻进效率高。

三、Q 系列绳索取心钻具

虽然绳索取心钻具的型式很多，规格各异，但其基本结构大同小异。下面以常

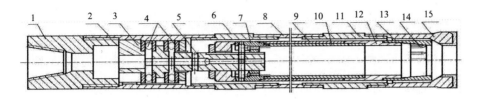

图 3-2 KT-140 三层管单动钻具

1.接头;2.轴承套;3.压盖;4.轴承;5.心轴;6.上扩孔器;7.内管、衬管接头;8.外管;
9.内管;10.衬管;11.下扩孔器;12.内管短节;13.卡簧座;14.卡簧;15.钻头

用的 Q 系列绳索钻具为例,介绍其结构。

Q 系列绳索取心钻具由双管总成和打捞器两大部分组成。双层岩心管部分由外管总成和内管总成组成。外管总成包括弹卡挡头、弹卡室、座环、上下扩孔器、外管及钻头。内管总成包括捞矛头、定位机构、调节机构、悬挂机构、到位报信与堵塞报信机构等(图 3-3)。

内管总成主要机构的结构原理如下。

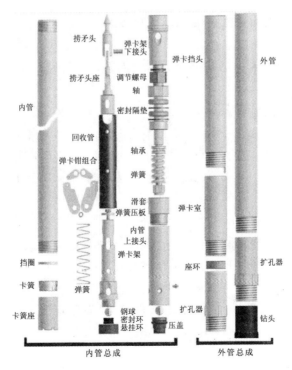

图 3-3 Q 系列绳索取心钻具装配示意图

1. 定位机构

定位机构主要由弹卡挡头、弹卡钳组件、弹卡室等部件组成。当内管总成沿钻杆柱内壁下放时,弹卡钳始终向外张开一定角度,当到达弹卡室时,弹卡继续向外张开使其两翼贴附在弹卡室内壁上。由于弹卡室内径较大,而其上端的弹卡挡头内径较小,并且有一个伸出的拨叉,在钻进过程中,可防止内管向上窜动,又可以使内管总成轴承上部随钻杆一起旋转,以免因相对运动造成弹卡钳的磨损。

2. 悬挂机构

悬挂机构由内管总成中的悬挂环与外管总成中的座环所组成,悬挂环的外径尺寸稍大于座环的内径(一般相差 0.5~1.0mm)。内管总成下放到外管总成弹卡室位置时,悬挂环坐落在座环上,从而使内管总成下端的卡簧座与钻头内台阶之间保持 2~4mm 的间隙,以防止损坏卡簧座与钻头,并保证内管的单动性能。

3. 单动机构

由两副推力轴承构成单动机构,主要目的是使内管在钻进时不旋转。

4. 调节机构

调节机构主要由调节螺母、调节接头与内管一起组成。在组装时,如果卡簧座与钻头内台阶之间的间隙不合适,则可通过调节接头与弹簧套之间的距离来进行调整(调节范围在 0~30mm),以保证卡簧座与钻头内台阶之间的间隙。

5. 到位报信机构

到位报信机构由弹卡架、钢球等组成,当内管总成下放到外管总成中的预定位置时,悬挂环坐落在座环上,这时冲洗液的通路被堵,迫使冲洗液改变流向,从弹卡架内部通道向下流动。为了使冲洗液通道打开,必须增大泵压迫使钢球向下运动。与此同时,地面压力表上的压力会明显上升,表示这时内管总成已到达钻进位置,可以开始扫孔钻进。

6. 岩心堵塞报信机构

该系列钻具采用胶圈报信机构,由密封胶圈和轴组成。钻进过程中,当岩心堵塞或岩心装满时对内管向上的推顶力使密封胶圈受挤压变形向外膨胀,将内外管环状间隙减小或完全堵塞,冲洗液流通受阻,造成泵压急剧升高,从而起到堵塞报警作用。此时,应停止钻进,捞取岩心,防止烧钻事故的发生。

该系列钻具打捞器主要由打捞机构、安全脱卡机构和防脱机构组成,具体结构如图 3-4 所示。

1. 打捞机构

打捞机构由打捞钩、打捞架和重锤等组成。在捞取岩心时把打捞器放入钻杆

第三章 取心钻具结构设计基础

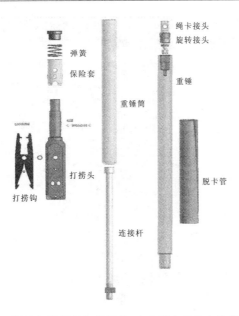

图 3-4 钻具打捞器的打捞机构、安全脱卡机构和防脱机构

内,重锤快速下降,当到达岩心管时,打捞钩抓住捞矛头,从而把内管提上来。

2. 安全脱卡机构

该机构主要是利用脱卡管工作。在正常钻进时,带有斜槽的脱卡管不装在打捞器上,而是放在地表。当打捞内管受阻时,可沿钢丝绳投放脱卡管,因其内径较小,可罩住打捞钩尾部,迫使尾部向内收缩,而头部向外张开,从而使打捞器与内管总成脱卡。

3. 防脱机构

当打捞钩提升内管总成到井口时,需倾斜放倒取岩心,为了防止捞矛头滑脱,可转动保险套锁紧打捞钩尾部,使打捞钩无法张开,从而使打捞钩紧紧勾住捞矛头。

Q 系列钻具的钻进规程与普通金刚石岩心钻进有所不同,因钻头的唇面比普通钻头的唇面厚(厚大约 35%),而钻杆与孔壁之间的间隙小(间隙在 2.25mm 左右),所以在钻进时钻压也相应提高,而冲洗液的流量应减小。在钻进过程中如果泵压忽然升高,说明发生了岩心堵塞,这时应立即停止钻进,进行打捞。

四、半合式内管单动双管钻具

该系列钻具是配有普通内管和半合式内管互换的两级单动机构的双层岩心管钻具,适用于深厚砂卵石覆盖层和基岩金刚石钻进,配合植物胶类钻井液岩心采取率高,可随钻取原结构岩样。其具体结构包括除砂打捞机构、双级单动机构、内管机构和外管机构等几部分,如图3-5所示。

为保证岩心采取质量,该系列钻具结构的设计具有以下的特点:

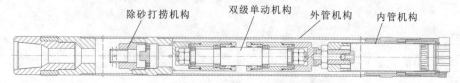

图3-5 半合式内管单动双管钻具结构

为了提高钻具的单动性能,保障单动机构的可靠性,采用了上下两级单动机构,更好地避免了岩心的磨损。该系列钻具配套两种内管:一种是内壁磨光的普通内管,另一种是内壁磨光的半合管,可以根据需要互换。内管及半合管内壁光滑,可以减小岩心进入的阻力以及对岩心的磨损。半合管是在钻进松散、破碎地层时为了取原结构岩心时才使用,避免了在取出破碎岩心时再次对岩心造成人为的破坏和扰动(图3-6)。

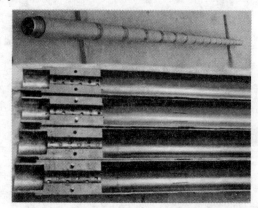

图3-6 半合式内管

为了使内管中的岩心免于冲洗液的冲蚀,钻具的单向阀中增设了沉砂管和隔砂管。

钻进时,随着回次时间和进尺的增加,岩心被破碎、磨损、分选和污染的几率增大,因此,为了有效地保护岩心,缩短了钻具内外管长度。钻具的缩短也有利于提高钻具的单动性。

钻具的沉砂管内设有隔砂管,进入沉砂管内的钻井液,由于高速转动时的离心分离作用,岩屑分离下沉,避免进入单向阀和内外管之间,起到了除砂作用,更避免了因进砂造成的单动失效。

五、喷射反循环绳索取心钻具

该套钻具由中国地质大学(武汉)深部钻探张晓西课题组设计,主要用于使用普通单动双管钻具和常规卡簧难以保证岩心采取率的复杂地层取心钻进。其内管总成主要有捞矛机构、弹卡定位机构、悬挂机构、单动机构、内管保护机构、调节机构、扶正机构等常规绳索取心所具备的结构及其特有的喷射反循环机构,配合底喷式或侧喷式钻头使用。该钻具在提高岩心采取质量方面主要采取了以下结构(图3-7)。

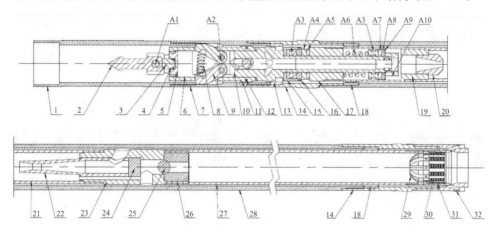

图3-7 喷射反循环绳索取心钻具

1.弹卡挡头;2.捞矛头;3.捞矛头定位块;4.锥轴弹簧;5.捞矛座;6.回收管;7.弹卡室;8.张簧;9.弹卡;10.弹卡架;11.固定螺栓;12.卡簧;13.座环;14.扩孔器;15.轴承座;16.轴承盖;17.喷嘴座接头;18.扶正环;19.喷嘴座;20.喷嘴;21.喷室护管;22.承喷器;23.承喷器安装座;24.上堵塞;25.单向阀球;26.单向阀座;27.内管;28.外管;29.爪簧;30.卡簧;31.卡簧座;32.底喷钻头;A1、A2.弹性圆柱销;A3.单向推冲滚珠轴承;A4、A5、A7、A8、A9.平垫圈;A6.弹簧;A10.锁紧螺母

(1)采用喷射反循环机构。该喷射机构靠近内管上部,喷射形成的负压大,有利于内管顶部形成向上的反循环流体,有利于内管吸入破碎岩心,保证岩心采取率。

(2)采用底喷式或侧喷式钻头,可调整局部正反双循环的流量分配比例。双管钻具实现局部反循环:一部分液流为正循环,保障冲洗孔底、岩粉上返和冷却钻头;另一部分流量随岩心进入内管,使岩心沿内管上举,具有润滑岩心,减少堵心和磨心的作用,但这部分循环流量过大也会导致岩心的冲蚀。因此,合理调整分配正、反循环的液流比例既有利于提高钻进效率,也有利于保护岩心。底喷或侧喷钻头可实现正反水路的相对隔离,通过这种特殊水眼结构的钻头控制反循环分流比例,以及调整钻头与卡簧座的间隙或密封式结构,实现高保真取样。有时为了取得极易冲蚀的岩心,卡簧座与钻头内台阶处之间采用密封圈结构,完全隔离水流对岩心部位的冲蚀,实现高品质取样。

(3)采用双卡簧结构。双卡簧结构能有效保护和收集破碎岩心,通过卡簧卡取柱状完整岩矿心的同时,采用特制爪簧收集岩心,避免碎岩心脱出(图3-8)。

(4)通过扶正机构保证双层管的同心度,充分发挥单动机构的单动效果,减少和避免机械振动对岩心的破坏。

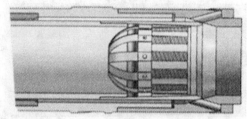

图3-8 卡簧+爪簧结构

六、内环刀取砂器钻具

本钻具适于 GB 50021—2001 规定的在钻孔中采取粉砂、细砂、中砂、粗砂和砂砾的一级、二级土试样,也可采取软塑、可塑的黏性土及部分粉土的一级、二级土试样。取砂器一次可采取 8 只 $\Phi 61.8mm \times 20mm$ 的标准试样,并可连同环刀直接放入试验仪器,满足常规容重、颗分、压缩、直剪等土工试验要求,具有使用方便、取样效率高、开土方便、取样质量好等优点。

使用时只需将试样推出,端面切割后连同环刀直接装入固结容器内或直接推至剪切盒内,防止试样因结构松散、软弱而造成开土扰动。使用范围扩大到淤泥质土甚至一般土层,以期提高取心质量。上提活塞头部总成、环刀、对开隔环均以不锈钢制造,抗腐蚀性能强;样筒封盖采用 ABS 工程塑料制造,并配有防漏平软垫,使用方便;操作时将取样器置于孔底,以压入法或击入法入土 30~38cm,地面旋转使底部土体断开,即可提钻。其基本结构如图 3-9 所示。

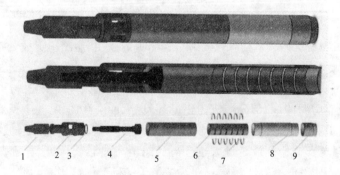

图3-9 内环刀取砂器示意图

1.钻杆接头;2.异径接头;3."O"形密封圈;4.六角提杆;5.废沙管;
6.内环刀;7.哈尔夫环;8.取样筒;9.管靴

第三节 钻具设计实例

本节主要描述一种单动双管钻具系列的设计方法。按机械制图要求完成尺寸和公差标注,技术要求和材料标注要求等。其设计要求如下。

1. 球阀

球阀的主要作用是在保障钻进过程中岩心管内和外部的相通,保证岩心顺利进入岩心管,当提钻时,球阀关闭以避免岩心脱落。

2. 单动机构

此套钻具的心轴共有3个推力轴承,其中,上部2个,下部1个。可以保证单动机构的可靠性,避免因其中一个损坏而影响整体性能。

3. 异径接头

其主要作用为连接钻杆与钻具,并且使钻井液进入内外管之间,避免钻井液直接冲刷内管岩心。同时,接头外部镶有合金块,可以扩孔、保证孔壁规整。

4. 内外管

外管随钻杆旋转带动钻头破碎岩石,内管保持不动以减少岩心的扰动,提高了岩心采取率。

5. 卡簧

卡簧用于卡取岩心,保证岩心采取率。

6. 扩孔器

用于扩大外管与孔壁的间隙,使孔壁规整,防止卡钻,保证水路的畅通。

单动双管要有良好的单动性能;内外管、异径接头、扩孔器和钻头各连接部分同心度要高;岩心管无弯曲、无压扁和伤裂现象;螺纹质量合格,无松动,丝扣不漏水;隔水性能好,卡心牢靠,同时要求水路畅通、结构简单耐用以及加工装卸方便等。

图 3-10 为示例设计的单动双管装配图,此单动双管的外径有 4 种规格:45mm、59mm、75mm 和 91mm。图纸包括钻具装配图和典型零件图。除强度校核和螺纹的设计需要参考相关标准外,零件图中的材料要求、技术要求、尺寸和公差已经详细标注,可以作为其他钻具设计时的参考(图 3-11 至图 3-20)。

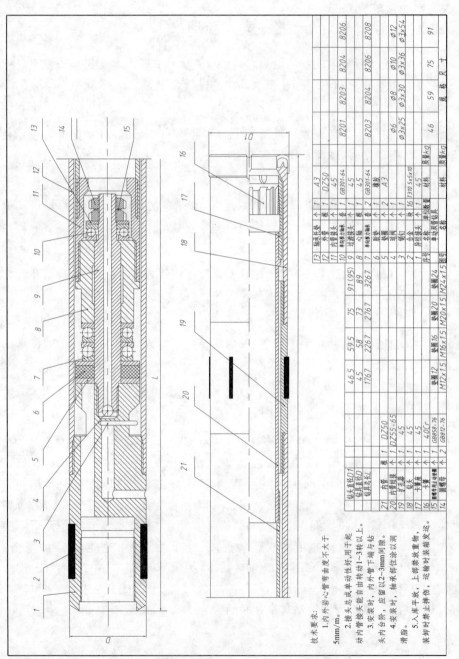

图3-10 单动双管钻具

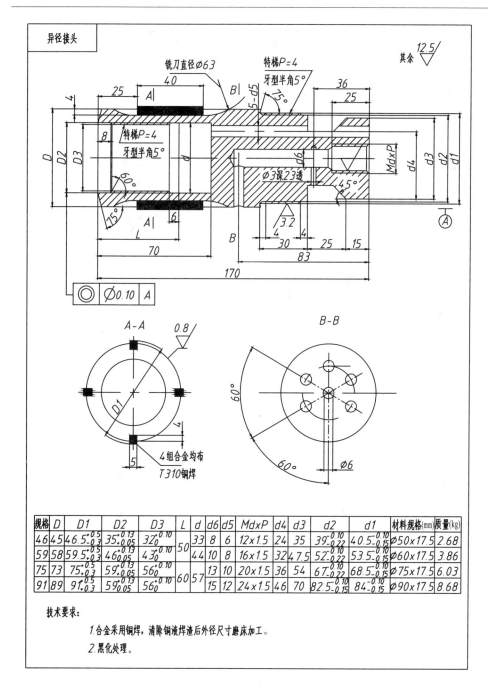

图 3-11 异径接头

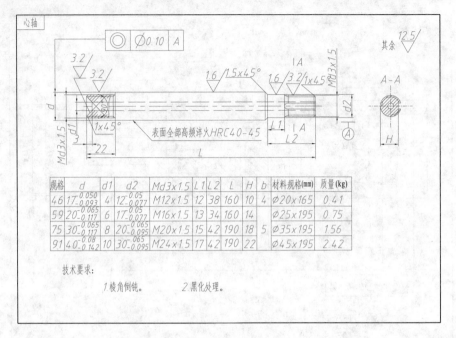

图 3-12 心轴

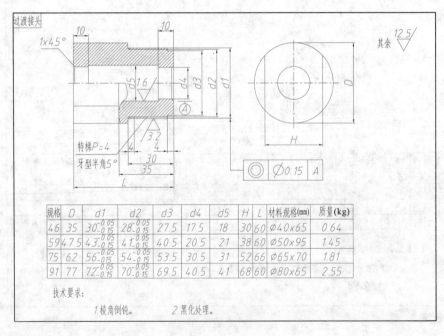

图 3-13 过渡接头

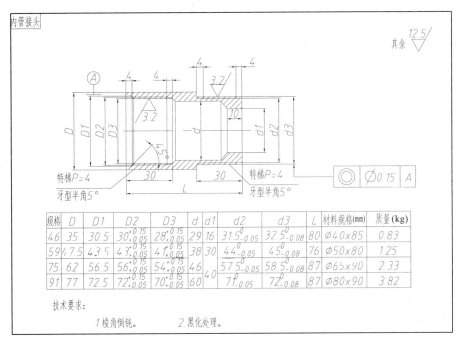

图 3-14 内管接头

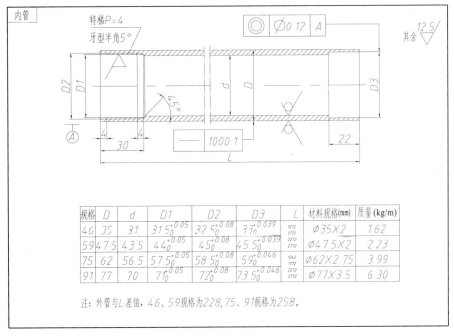

图 3-15 内管

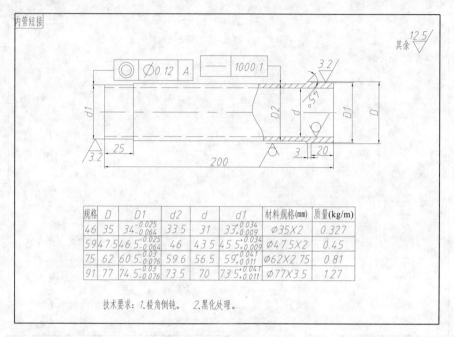

图 3-16 内管短接

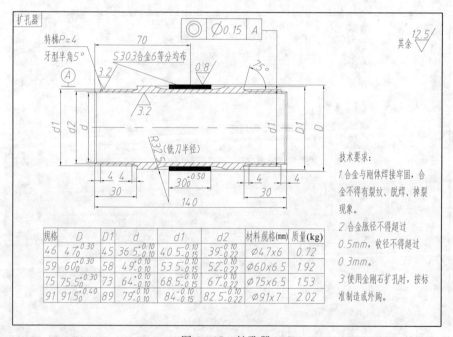

图 3-17 扩孔器

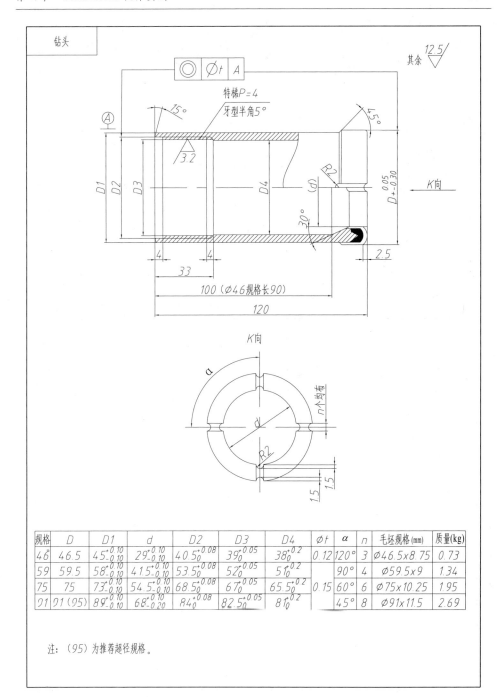

图 3-18 钻头

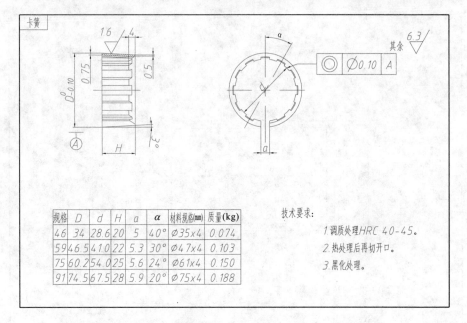

图 3-19 卡簧

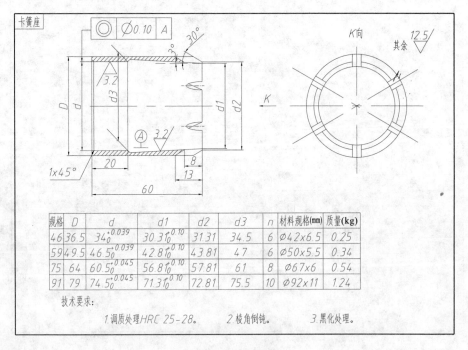

图 3-20 卡簧座

第四章　SolidWorks 软件实训

SolidWorks 软件是世界上第一个基于 Windows 开发的三维 CAD 系统，具有功能强大、易学易用和技术创新三大特点，涉及航空航天、机车、食品、机械、国防、交通、模具、电子通信、医疗器械、娱乐工业、日用品/消费品、离散制造等各个领域。SolidWorks 软件包括零件设计建模、装配设计建模、工程图纸绘制 3 个基本环境，同时具有相关的钣金设计功能。在工程设计中，软件在零件和装配的三维设计中，可方便地检查质量特性、检查静态和动态干涉，了解零件的空间关系，同时方便地与运动分析和有限元分析建立接口。

SolidWorks 软件主要内容涉及草图绘制、基础特征创建和实体特征编辑、曲面设计、装配设计、工程图设计、渲染输出以及钣金设计，覆盖了使用 SolidWorks 设计各种产品的全部过程。

SolidWorks 软件在工程中应用广泛，小到一颗螺丝，大到整个钻机的装配，都可以用 SolidWorks 软件完成。本章将用 SolidWorks 绘制螺纹、异形弹簧、卡簧以及敞口薄壁取土器为例，介绍 SolidWorks 软件在钻具设计过程中的应用。

第一节　用 SolidWorks 绘制螺纹

螺纹是在圆柱或圆锥工件表面上制出的螺旋线形的、具有特定截面的连续凸起部分。由于螺纹具有连接、传动等重要功能，在机械制图及加工过程中经常会遇到各种螺纹的绘制和加工。

在 SolidWorks 中螺纹的画法有 3 种。

(1) 装饰螺纹线画法。无论是外螺纹还是内螺纹都可以用这个命令来完成。该画法的优点是省时省力，显示速度快，占用内存小，得到的螺纹工程图符合国标的螺纹画法。因此，为了方便绘制工程图，一般推荐装饰螺纹画法。它的缺点是螺纹只显示外观，没有详细的螺纹特征。

(2) 扫描切除画法。扫描切除螺纹画法的优点是螺纹特征真实具体，能够清晰显示牙型并具有较好的三维效果，可以用于诸如 Ansys 之类 CAE 软件对螺纹的强度进行分析计算；其缺点是过程比较复杂，显示时比较占用内存，并且由该画法得到的螺纹工程图不符合国标螺纹画法。

(3)插入特征-异形孔。这种画法常用来画内螺纹孔或者光孔,因此具有一定的局限性且在有些情况下不能完全地表达螺纹。

下面对这3种画法逐个进行介绍。

一、装饰螺纹线画法

以 M10×1.25,长度为 15mm 的外螺纹为例。

(1)首先可选取在前视基准面上画一个直径为 10mm 的圆,然后通过特征"拉伸凸台/基体",给定深度 30mm,得到一个直径 10mm、长 30mm 的圆柱体(图 4-1)。

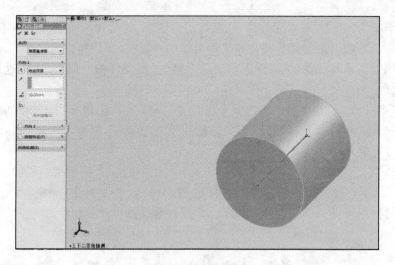

图 4-1 圆柱体绘制

(2)然后通过选择"插入"—"注解"—"装饰螺纹线",进入装饰螺纹属性管理界面。如图 4-2 所示,在"圆形边线"处选择要添加螺纹的起始边线。当标准选择"无"时,可自行输入次要直径即螺纹底径,在本例中应输入次要直径 8.647mm。也可在标准处选择"GB",大小选择"M10×1.25",就可以自动生成次要直径,最后再给定深度"15mm",点击"确定"即可得到装饰螺纹线(图 4-3)。

二、扫描切除画法

(1)选择前视基准面绘制草图,画一个直径为 20mm 的圆,通过"拉伸凸台"给定深度 30mm,得到 Φ20mm×30mm 的零件,如图 4-4 所示。

(2)选择视图的前面,对零件进行面倒角 2°×45°,距离选择 2mm,角度选择

第四章 SolidWorks 软件实训　　　　　　　　　　　　　　　　　　69

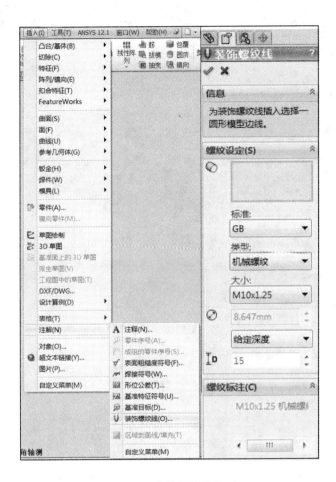

图 4-2　装饰螺纹线界面

45°,如图 4-5 所示。

(3)点击选择视图的最前面绘制草图,绘制一个与前面所画圆柱体同心的直径为 20mm 的圆,如图 4-6 所示。

(4)选择"插入"—"曲线"—"螺旋线",如图 4-7 所示。

(5)在螺旋线属性管理界面定义螺距为 1.50mm,选择反向,圈数为 15,起始角度为 0°,选择顺时针(图 4-8)。

(6)在上视基准面进行草图绘制,该草图即可体现螺纹牙型的相关参数。过螺旋线的起点画水平和竖直的无限长度构造线各一条并固定,画一长一短两条竖直的线段,长度分别为 1.30mm 和 0.65mm,通过智能尺寸保证长线段与竖直构造线

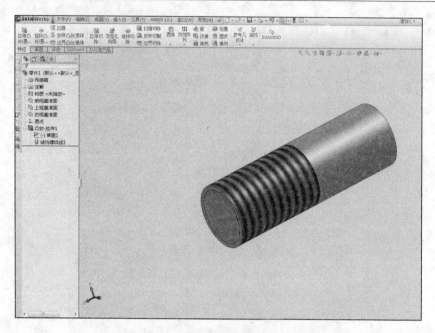

图 4-3 装饰螺纹线操作结果

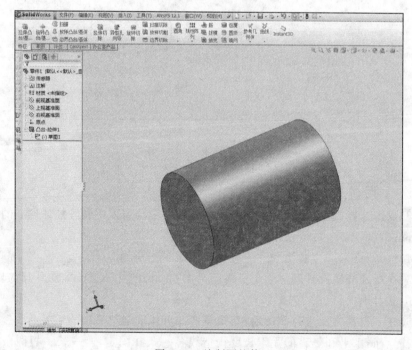

图 4-4 绘制圆柱体

第四章 SolidWorks 软件实训

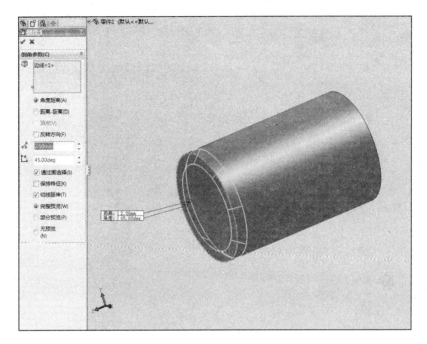

图 4-5 零件倒角

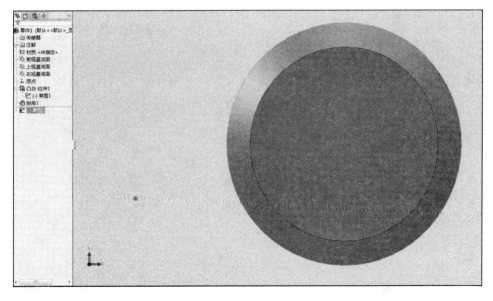

图 4-6 绘制草图平面

图 4-7 选择螺旋线工具

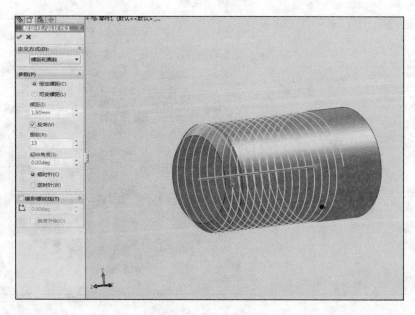

图 4-8 绘制螺旋线

重合,两线段相距1mm且中点连线保证水平,效果如图4-9所示。

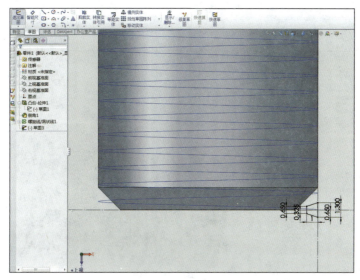

图4-9 草图绘制

(7)退出草图绘制,选择"拉伸切除"里面的"扫描切除",轮廓选择刚完成的草图,路径选择螺旋线,如图4-10所示。

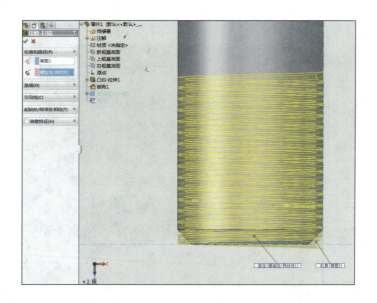

图4-10 扫描切除

既而就得到了如图 4-11 所示的螺纹线。

可以明显地看到在螺纹的收尾处并未切割完全,没有达到真实螺纹的效果,因此需要对收尾处进行再次切割。

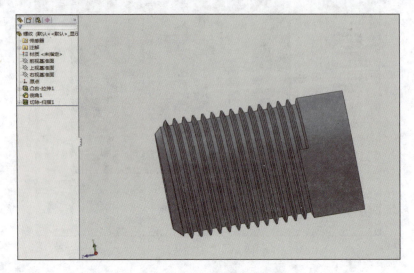

图 4-11 生成螺纹

(8)点击"参考几何体"建立基准面,第一参考选择螺旋线/涡轮线的终点,第二参考选择靠近螺旋线终点的圆柱体端面,建立基准面,如图 4-12 所示。

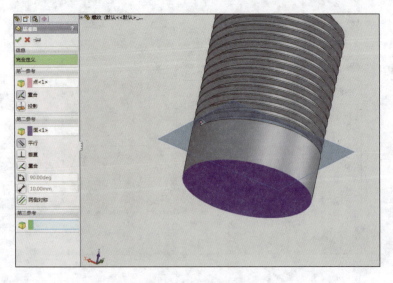

图 4-12 建立基准面 1

(9)正视于基准面1,在该面上进行草图绘制,选择"圆柱体圆形边线",点击"转换实体引用",如图4-13所示。

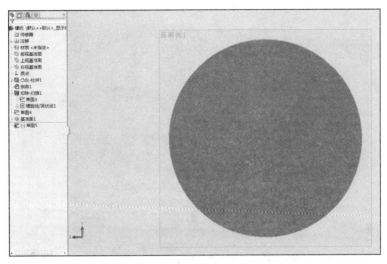

图4-13 基准面1草图绘制

(10)选择"插入"—"曲线"—"螺旋线",定义如图4-14所示,恒定螺距,螺距为1.5mm,圈数为1,起始角度180°,逆时针,点击"锥形螺纹线",选择"锥度外张",确定角度为65°,得到螺纹线2。

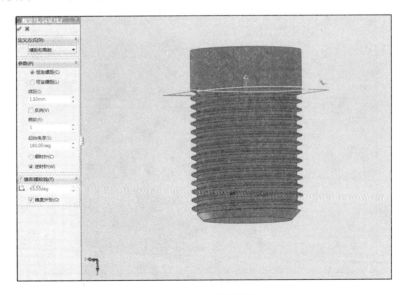

图4-14 生成螺纹线2

(11)在螺纹终端的梯形面上绘制草图,保持选中该梯形面,点击"转换实体引用",得到一个等腰梯形,如图4-15所示。

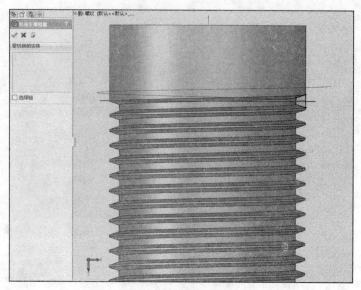

图4-15 绘制草图

(12)退出草图绘制,选择"扫描切除",轮廓选择刚绘制的草图,路径选择螺旋线2(图4-16)。

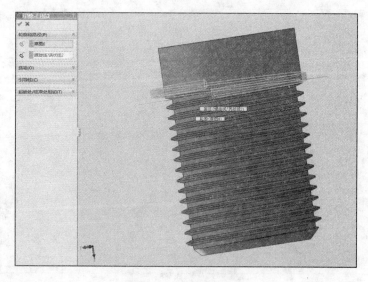

图4-16 扫描切除

第四章 SolidWorks 软件实训

(13)将基准面1隐藏,得到最终的有明显退刀痕迹的螺纹,如图4-17所示。

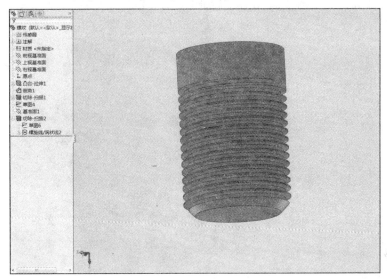

图4-17 螺纹

三、插入特征—异形孔画法

以 M10×1.25 螺纹为例。

(1)建立一个直径 50mm、长 50mm 的圆柱体,选择特征"异形孔向导",进入孔的规格属性管理界面,先对孔的类型进行定义,选择"直螺纹孔",标准选择"GB",类型选择"螺纹孔",大小选择"M10×1.25",终止条件可确定孔的深度以及螺纹线的长度(图4-18)。

(2)点击属性界面上方的"位置",确定螺纹孔在工件上的具体位置,鼠标左键在放置螺纹孔的工件面上随意点击一下,再通过智能尺寸使孔的中心与圆柱面中心重合(图4-19)。

(3)最终得到圆柱工件端面上一个 M10×1.25 的螺纹孔(图4-20)。

总的来说,上述3种方法各有其优缺点,在绘图过程中可根据实际需要选择其中一种,以达到最佳效果。

图4-18 螺纹定义

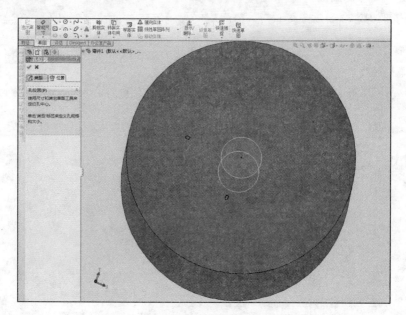

图 4-19 螺孔定位

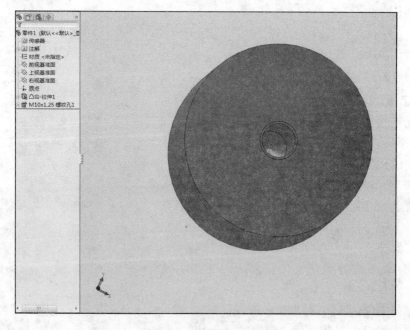

图 4-20 获取螺纹孔

第二节 用 SolidWorks 绘制异形弹簧

（1）选择"前视基准面"，绘制草图 1，尺寸定义如下：用三点圆弧绘制半径为 60mm、弦长 100mm 的圆弧，令圆弧两端点竖直，绘制一条与该圆弧相切且竖直的构造线，使该构造线与过原点的中心线的距离为 10mm，再绘制两条分别过圆弧两端点的水平直线段构成封闭图形，如图 4-21 所示。

（2）退出草图 1，选择"旋转凸台/基体"，以通过原点的中心线为旋转轴，将封闭图形旋转成如图 4-22 所示的实体。

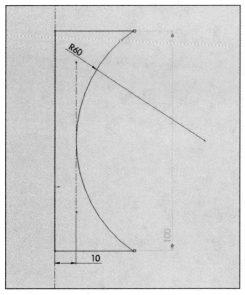

图 4-21 绘制草图 1　　　　　　　　　图 4-22 绘制实体

（3）在旋转体的上圆面点击"绘制草图 2"，选择"圆形边线"，点击"转换实体引用"得到圆弧，再单击"特征"—"曲线"—"螺旋线/涡状线"，设置如图 4-23 所示。

（4）选择"右视基准面"正视于，绘制草图 3，绘制一条在端面上起点与中心线重合、长度大于端面圆半径的直线，如图 4-24 所示。

（5）退出草图，选择"插入"—"扫描曲面"，轮廓选择草图 3，路径选择螺旋线/涡状线 1，如图 4-25 所示。

（6）点击"确定"得到扫描曲面后，选择"特征"—"曲线"—"分割线"，分割面选择旋转体表面（面 1），要分割的面选择扫描曲面（面 2），如图 4-26 所示。

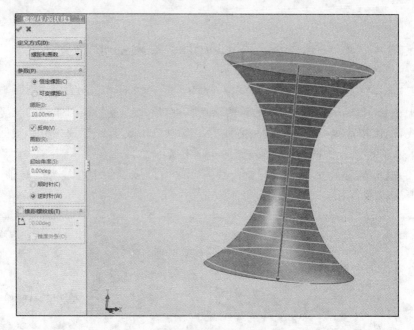

图 4-23 螺旋线/涡状线设置

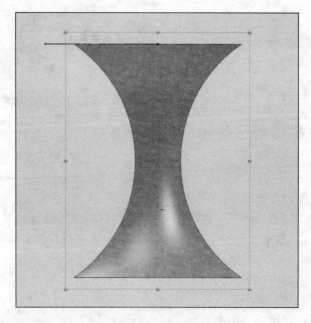

图 4-24 建立基准面绘图

第四章　SolidWorks 软件实训

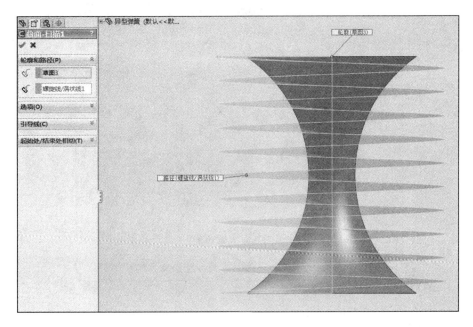

图 4-25　扫描曲面

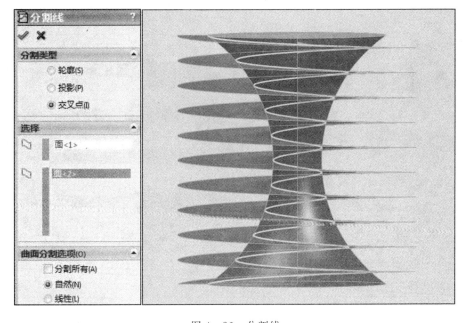

图 4-26　分割线

(7)确认后将旋转实体和螺旋线隐藏,得到如图 4-27 所示的效果。

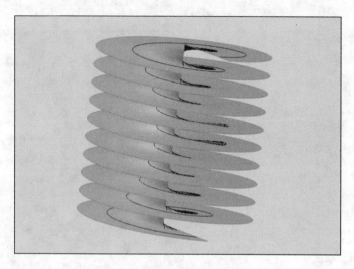

图 4-27　隐藏后的效果图

(8)选择"右视基准面"正视于,建立草图 4,绘制一个直径为 3mm 的圆,将"分割线"与该圆圆心添加几何关系为"穿透",如图 4-28 所示。

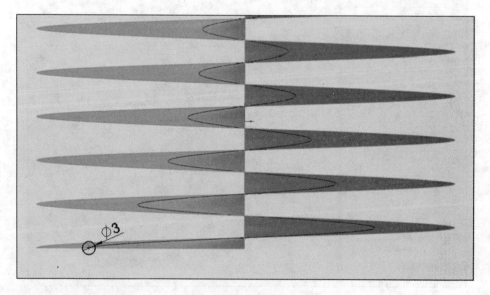

图 4-28　建立草图 4

(9)退出草图,选择"扫描",轮廓选择草图4,路径选择分割线(边线<1>),如图4-29所示。

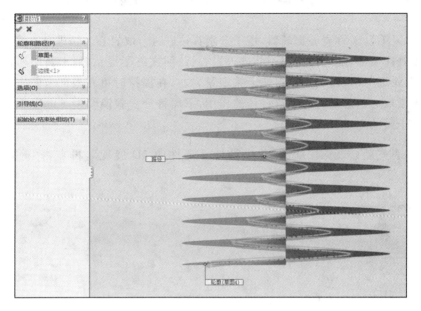

图4-29 扫描

(10)最后将分割线隐藏,得到异形弹簧效果如图4-30所示。

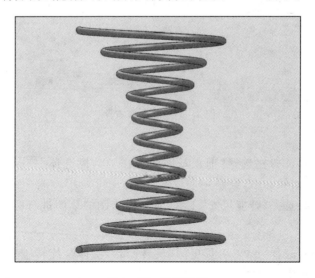

图4-30 异形弹簧

第三节 卡簧的绘制实例

岩心卡簧,又称岩心提断器,用于金刚石钻进时卡取岩心。钻进时卡簧被岩心顶到卡簧座上部,随进尺岩心不断进入岩心管;回次终了提钻时,卡簧座随钻具上移,当其锥面与卡簧接触时,迫使卡簧抱紧岩心,在提拉时可在根部卡断岩心。卡簧在绳索取心钻进时起着不可替代的作用,下面将分步骤说明用 SolidWorks2010 画岩心卡簧的全过程。

(1)首先新建 ,点击"单一设计零部件的 3D 展现",再点击"确定",如图 4-31 所示。

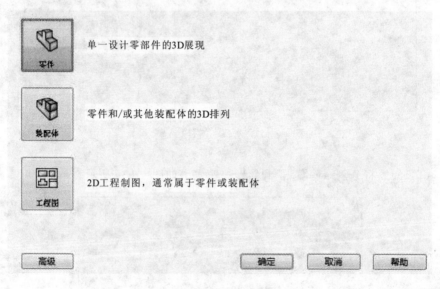

图 4-31 建立新零件

(2)在左侧特征树栏选择"前视基准面",在工具栏选择 草图 工具里的 中选取中心线和直线命令,绘制一个草图如图 4-32 所示。

(3)在工具栏选择"智能尺寸"工具,对前面绘画的草图进行标注,标注尺寸如图 4-33 所示。

(4)在工具栏选择 特征 工具里的"旋转凸台/基体",旋转轴选择竖直的中心线,角度 360°,如图 4-34 所示。

(5)在特征工具栏中选择"圆角"下拉键里的倒角,倒角边线选择底边外边线,

第四章 SolidWorks 软件实训

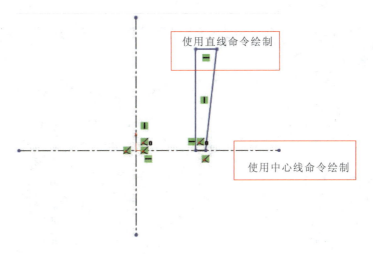

图 4-32 绘制草图

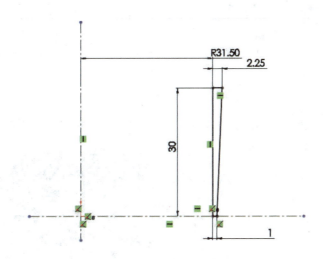

图 4-33 标注尺寸

角度为距离模式,距离 0.5mm,角度 60°,如图 4-35 所示。

(6)按键盘"Ctrl+5"键,将光标放在圆环的面上单击右键,选择"草图绘制"(即可在圆环所在平面绘制草图),在草图工具栏中选择"转换实体引用",要转换的实体选择圆环的内圆,如图 4-36 所示。

(7)在草图工具栏中选择"等距实体",选择上一步中转换过来的圆,参数中等距距离为 0.75mm,如图 4-37 所示。

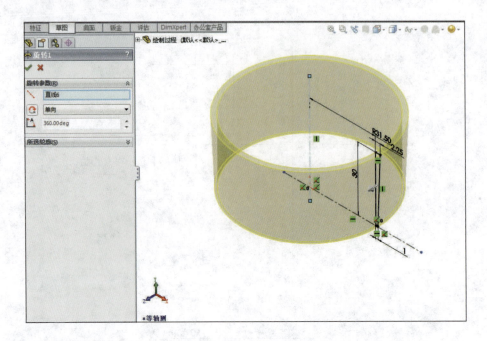

图 4-34 特征实体

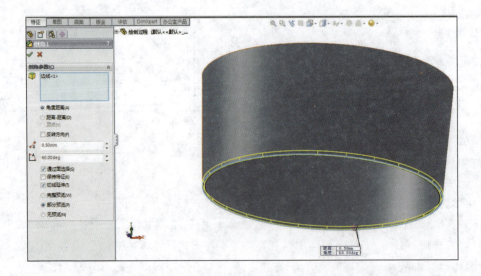

图 4-35 倒角

第四章　SolidWorks 软件实训

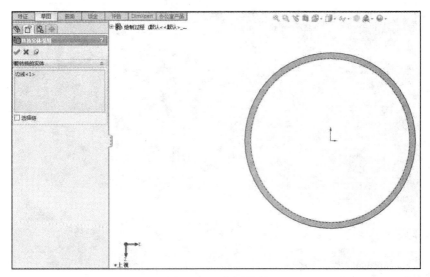

图 4-36　草图绘制

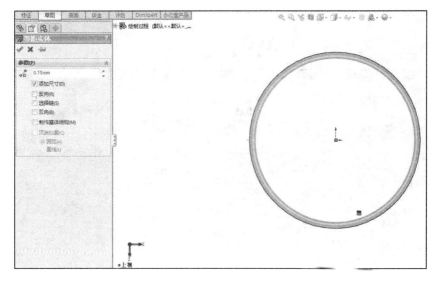

图 4-37　等距实体

(8) 在草图工具栏中选择"直线"图标，以圆心为顶点绘制一个角，用智能尺寸约束角的大小为 10°，如图 4-38 所示。

(9) 在草图工具栏中选择"剪裁实体"，将草图剪裁，如图 4-39 所示。

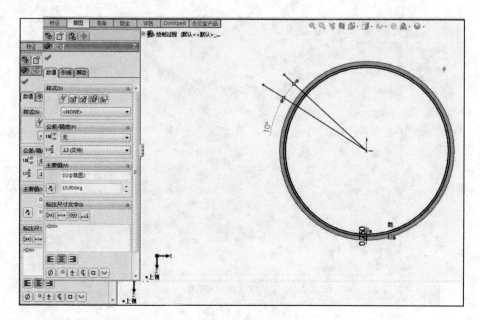

图 4-38 草图绘制

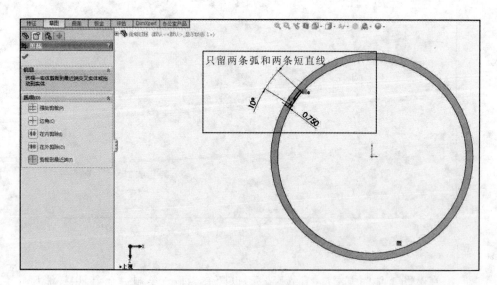

图 4-39 草图裁剪

（10）在特征工具栏中选择"拉伸切除"工具,开始条件为从草图基准面,终止条件选择完全贯穿,如图4-40所示。

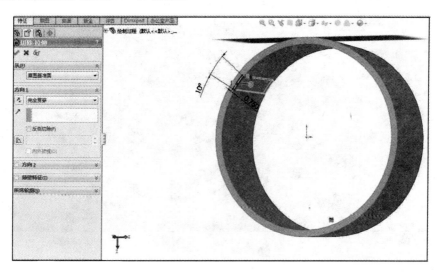

图4-40　拉伸切除

（11）在特征工具栏中选择"线性阵列"下拉菜单中的圆周阵列,要阵列的特征选择刚才的"切除"—"拉伸1",阵列轴选择圆环的内圆,总角度为360°,实例数为16个,等间距选中☑等间距(E),如图4-41所示。

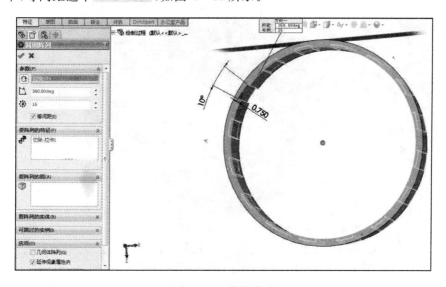

图4-41　线性阵列

(12) 在"拉伸"—"切除"的一个窄面上绘制草图,在草图工具栏中选择"直线"命令,绘制一个直角三角形,标注尺寸如图4-42所示。

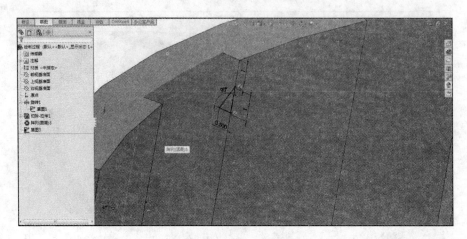

图4-42 草图绘制

(13) 在特征工具栏中选择"旋转切除"工具,旋转轴选择竖直的中心线,角度为360°,所选轮廓为上一步绘制的直角三角形,创建结果如图4-43所示。

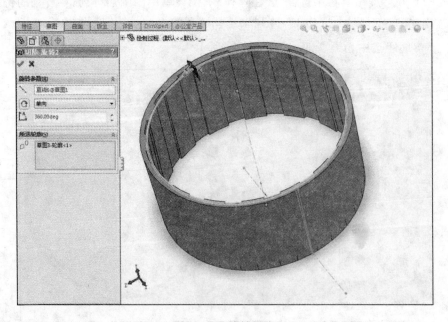

图4-43 旋转切除

第四章 SolidWorks 软件实训

(14)在特征工具栏中选择"线性阵列"下拉菜单中的线性阵列,阵列方向选择竖直的中心线向下,间距为 2.00mm,实例数为 15 个,要阵列的特征为上一步的"旋转"—"切除",如图 4-44 所示。

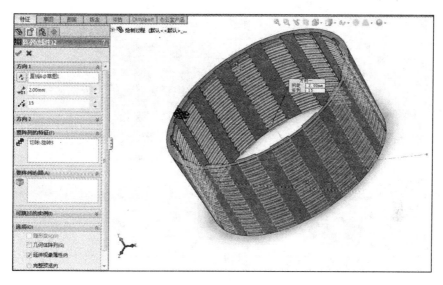

图 4-44　线性阵列

(15)按键盘"Ctrl+5"键,将光标放在圆环的面上单击右键,选择"草图绘制",在草图工具栏中选择"直线"工具,绘制效果如图 4-45 所示。

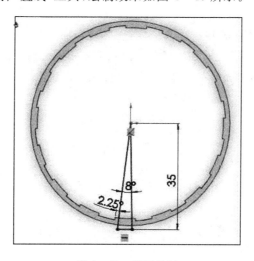

图 4-45　草图绘制

(16)在特征工具栏中选择"拉伸切除"工具,开始条件为从草图基准面,终止条件选择完全贯穿,如图4-46所示。

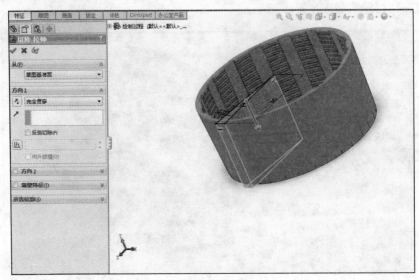

图4-46 拉伸切除

第四节 敞口薄壁取土器的绘制实例

本节介绍一种敞口薄壁取土器的绘图过程,通过敞口薄壁取土器主要零件——球、异径接头、薄壁管、螺钉的造型,可以掌握 SolidWorks 的草图绘制、特征造型、基准面、零件装配等基础知识。装配完成后,通过生成工程图实现对工程图的转换,最后再直接利用 SolidWorks Simulation 插件,对该取土器的强度进行校核。自此,实现 SolidWorks 在一种钻具装配体的造型、成图、有限元分析等方面的应用。

一、零件造型

1. 球

打开 SolidWorks,选择"文件"—"新建"—"零件"命令,建立一个新零件文件。右击 FeatureManager 设计书中的"材质",选择"编辑材料"命令,设置零件的材质,选用"普通碳钢"。在草图上绘制一半径为 12mm 的半圆,以直线闭合,退出草图,围绕直径旋转 360°,并以文件名"钢球"保存该零件,如图 4-47 所示。

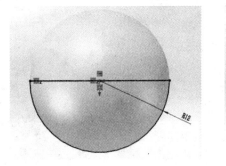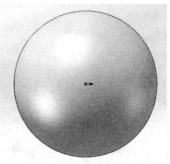

图4-47 生成球体

2. 异径接头

绘制异径接头草图如图4-48所示,围绕中心线旋转360°。以文件名"异径接头"保存该零件,如图4-49所示。

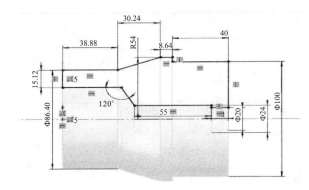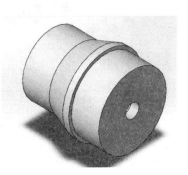

图4-48 异径接头草图绘制　　　　图4-49 异径接头实体

如图4-50,选择异径接头下圆柱面,然后单击特征工具栏中的异形孔向导 ,或单击"插入"—"特征"—"异型孔向导",设置PropertyManager选项如图4-50所示,给定深度25mm,然后单击 。

选择工具栏上的圆周阵列 或"插入"—"阵列"—"圆周阵列",如图4-51所示,将螺钉孔特征进行圆周阵列。

3. 薄壁管

运行SolidWorks,选择"文件"—"新建"—"零件"命令,建立一个新零件文件。右击FeatureManager设计书中的"材质",选择"编辑材料"命令,设置零件的材质,

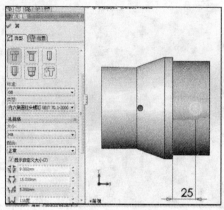

图 4-50 插入异形孔

图 4-51 圆周阵列

选用"普通碳钢"。绘制异径接头草图如图 4-52 所示，围绕中心线旋转 360°。以文件名"薄壁管"保存该零件，如图 4-53 所示。

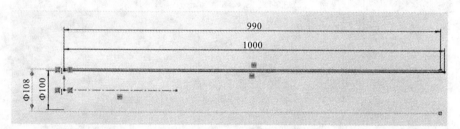

图 4-52 绘制草图

在前视基准面上绘制如图 4-54 所示草图，选择"拉伸切除"命令，具体参数如图 4-55 所示。

图 4-53 生成薄壁管

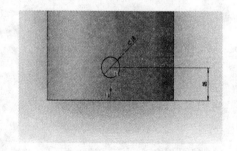

图 4-54 绘制草图

选择工具栏上的圆周阵列 或"插入"—"阵列"—"圆周阵列",如图 4-56 所示,将螺钉孔特征进行圆周阵列。

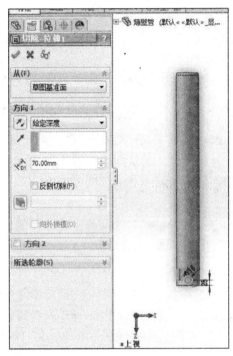

图 4-55 拉伸切除

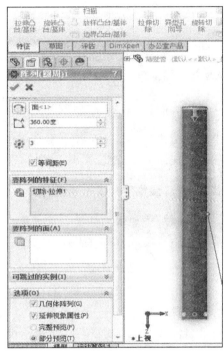

图 4-56 螺钉孔阵列

4. 螺钉

螺钉直接采用 SolidWorks Toolbox 零件库中的零件。

二、装配

运行 SolidWorks,选择"文件"—"新建"—"装配体"命令,建立一个新零件文件。以文件名"敞口薄壁取土器"保存该零件。单击装配体工具栏上的"插入零部件"按钮,在现有装配体中,单击"插入零部件" (装配体工具栏),或者单击"插入"—"零部件"—"现有零件/装配体"命令,在左边 PropertyManager 对话框中将出现以前保存的文件,也可以单击"浏览"打开现有文件。如果工具栏中没有出现按钮 ,点击工具栏任意位置,在出现的菜单中选中"装配体"。

1. 异径接头与薄壁管装配

首先，将前面完成的"异径接头"添加进来，再次，单击装配体工具栏上的插入零部件按钮 ，将前面完成的"薄壁管"添加进来。

单击视图工具栏上的局部放大按钮 （前导视图工具栏），或单击"视图"—"修改"—"局部放大"，指针形状将变为 。将零件放大，为了便于装配，可以使用工具栏上的 移动零部件和 旋转零部件，以便于装配。单击装配体工具栏上的配合按钮 ，在 PropertyManager 的配合选择下，分别选择异径接头和薄壁管的外圆柱面，出现配合弹出工具栏，这里自动识别的默认配合是同心配合，零部件移动到位，预览配合。选择配合弹出工具栏上的 ，确认配合。

再次单击装配体工具栏上的配合按钮 ，选择异径接头与薄壁管的孔面，进行同心配合。这里也可以将左边树桩文字展开，用鼠标选择文字。

2. 螺钉与异径接头配合

在 SolidWorks 菜单单击"工具"—"插件"。在插件对话框中，于"活动插件"和"启动"下选择 SolidWorks Toolbox 或 SolidWorks Toolbox Browser，或者两者。也可通过在 Toolbox 设计库任务窗格中单击"现在插入"来激活 SolidWorks Toolbox Browser 插件。单击"确定"。单击"screws"—"机械螺钉"—右击"内六角花形圆柱头螺钉"—点击"插入到装配体"，如图 4-57 所示，配置零部件。

单击装配体工具栏上的配合按钮 ，选择螺钉头的下端面与异径接头螺孔的孔内端面，完成重合配合。再次单击装配体工具栏上的配合按钮 ，选择螺钉头的圆柱面与异径接头螺孔的圆柱内端面，完成同心配合，如图 4-58 所示。

选择工具栏上的圆周零部件阵列 （装配体工具栏）或"插入"—"零部件阵列"—"圆周阵列"，如图 4-59 所示，将螺钉进行圆周阵列。

图 4-57 取螺钉

第四章 SolidWorks 软件实训

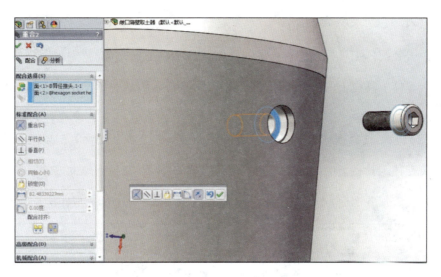

图 4-58 同心配合

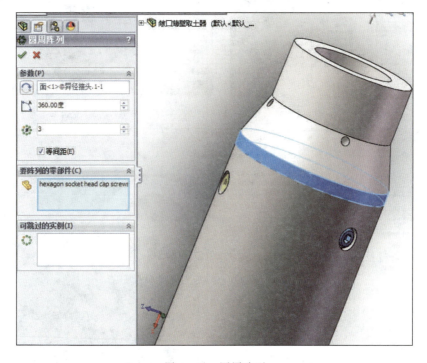

图 4-59 圆周阵列

3.对钢球进行装配

单击装配体工具栏上的插入零部件按钮,将前面完成的"钢球"添加进来。单击装配体工具栏上的配合按钮,如图4-60所示,选择钢球的前视基准面与异径接头前视基准面,完成重合配合。单击装配体工具栏上的配合按钮,如图4-61所示,选择钢球的上视基准面与异径接头的上视基准面,完成重合配合。单击装配体工具栏上的配合按钮,如图4-62所示,选择钢球的右视基准面与异径接头右视基准面,点击距离配合,设置距离80.00mm,完成距离配合。

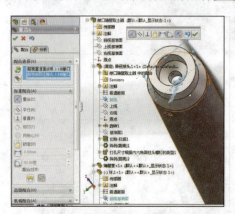

图4-60 重合配合1　　　　图4-61 重合配合2

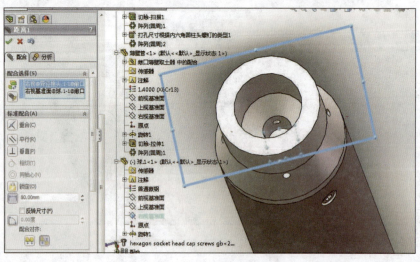

图4-62 距离配合

第五节　SolidWorks 有限元分析方法实训

以对承受内部径向膨胀力的管体进行有限元分析为例。

(1)新建零件,绘制外径为 Φ60mm、内径为 Φ58mm、总长为 500mm 的管体,如图 4-63 所示。

(2)在工具栏中点开工具(T)一项,选择并单击"SimulationXpress"(图 4-64)。

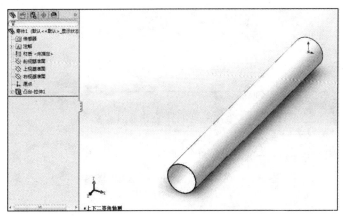

图 4-63　新建零件

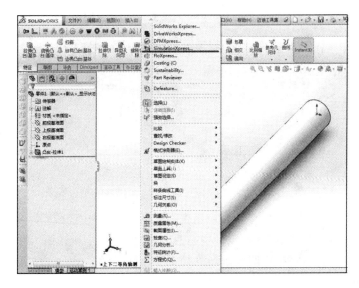

图 4-64　模拟设置

(3)在绘图区域右方出现了使用该插件的引导,点击"下一步"(图4-65)。

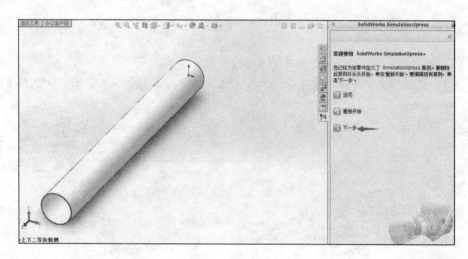

图4-65　选择插件的引导"下一步"

(4)在右侧对话框点击"添加夹具",左侧设计树出现具体信息,单击选中管体的一个端面,即确立边界条件,确定以后进行下一步(图4-66)。

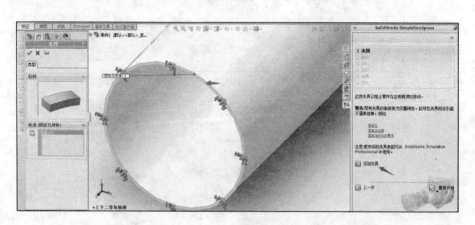

图4-66　选择端面

(5)在添加载荷步骤时,在右侧对话框可以选择"添加力"或"添加压力",在本例中选择"添加压力",左侧选择设计树信息。选择"垂直于所选面",并选择一个几何面,本例中选择管体外表面,设置压强值为2 000 000N/m^2。为保证方向沿管体膨胀方向,可勾选"反向"(图4-67)。

第四章 SolidWorks 软件实训

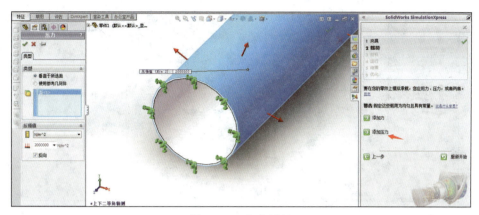

图 4-67 负荷添加

(6) 继续下一步,点击"选择材料"。出现左侧的材料对话框,可以根据实际情况定义材料属性(本例中选择"合金钢"),并点击下部"应用"按钮(图 4-68)。

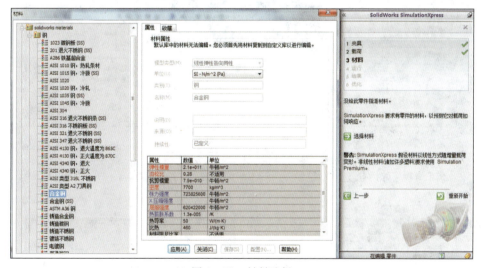

图 4-68 材料选择

(7) 点击"下一步",选择"运行模拟",即可进行计算分析(图 4-69)。

(8) 在运行即将结束时,会出现变形的效果图,并询问零件的变形是否与预期的一致(图 4-70)。

如果不一致,点击"否,返回到载荷/夹具",返回到前面的步骤进行调整;如果一致,点击"是,继续"。

(9) 完成上述步骤后,则可以查看具体结果。

图 4-69 运行模拟

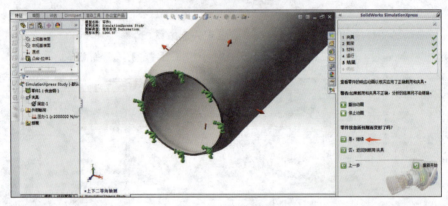

图 4-70 运行效果

a. 在右侧对话框选择"显示 von Mises 应力",可以观察零件的应力分布情况(图 4-71)。

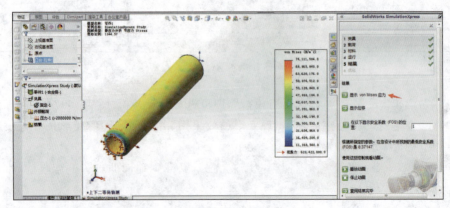

图 4-71 应力云

b. 在右侧对话框选择"显示位移",可以观察零件的变形情况(图4-72)。

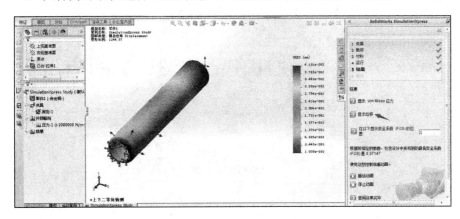

图4-72 应变云

（10）为了便于以后的分析,可以将此次分析结果导出,生成 Word 文档。在右侧对话框点击"查阅结果完毕",而后选择"生成报表",即可生成所需分析结果文档（图4-73)。

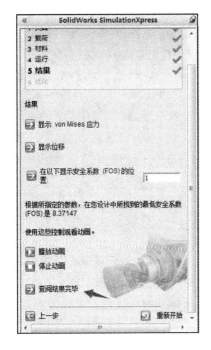 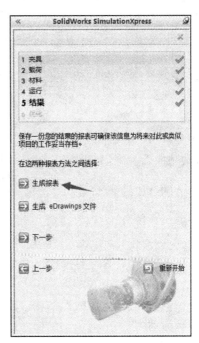

图4-73 生成报表

第五章 ANSYS软件在钻具设计中的应用实训

第一节 ANSYS软件简介

由于计算机技术的迅速发展，数值模拟技术在工程中得到了广泛的应用。其中，有限元法是目前工程技术领域中实用性最强、应用最广泛的数值模拟方法。有限元分析（FEA）软件目前最流行的有 ANSYS、ADINA、ABAQUS 和 MSC 等。

ANSYS 软件是美国 ANSYS 公司研制的融结构、热、流体、电场、磁场、声场分析于一体的大型通用有限元分析软件，是世界范围内使用增长最快的计算机辅助工程（CAE）软件，能与多数计算机辅助设计（CAD）软件接口，实现数据的共享和交换，如 Pro/Engineer、SolidWorks、NASTRAN、I-DEAS 和 AutoCAD 等，广泛应用于核工业、铁道、石油化工、航空航天、机械制造、能源、汽车交通、国防、军工、电子、土木工程、造船、生物医学、轻工、地矿、水利、日用家电等一般工业及科学研究。该软件可在大多数计算机及操作系统中运行，从 PC 到工作站甚至巨型计算机，ANSYS 软件在它所有的产品系列和工作平台上均兼容。

ANSYS 软件提供了一个不断改进的功能清单，具体包括结构高度非线性分析、电磁分析、计算流体力学分析、设计优化、接触分析、自适应网格划分、大应变/有限转动功能以及利用 ANSYS 参数设计语言（APDL）的扩展宏命令功能。

一、ANSYS 结构分析

（1）静力分析：用于静态载荷。可以考虑结构的线性及非线性行为，例如大变形、大应变、应力钢化、接触、塑性、超弹性及蠕变等。

（2）模态分析：计算线性结构的自振频率及振型，谱分析是模态分析的扩展，用于计算由于随机振动引起的结构应力和应变（也叫作响应谱或 PSD）。

（3）谐响应分析：确定线性结构对随时间按正弦曲线变化的载荷的响应。

（4）瞬态动力学分析：确定结构对随时间任意变化的载荷的响应。可以考虑与静力分析相同的结构非线性行为。

（5）特征屈曲分析：用于计算线性屈曲载荷并确定屈曲模态形状（结合瞬态动

力学分析可以实现非线性屈曲分析)。

(6)专项分析:断裂分析、复合材料分析、疲劳分析。

(7)显式动力学分析(ANSYS/LS‐DYNA):用于模拟非常大的变形,惯性力占支配地位,并考虑所有的非线性行为。它的显式方程是求解冲击、爆炸、碰撞、侵彻、快速成型等问题最有效的方法。

二、ANSYS 热分析

热分析主要用于计算物体的稳态或瞬态温度分布,以及热量的获取或损失、热梯度、热通量等。热分析一般不是单独的,其后往往进行结构分析,计算由于热膨胀或收缩不均匀引起的应力。热分析包括以下类型。

(1)相变(熔化及凝固):金属合金在温度变化时的相变,如铁合金中马氏体与奥氏体的转变。

(2)内热源(例如电阻发热等):存在热源问题,如加热炉中对试件进行加热。

(3)热传导:热传递的一种方式,当相接触的两物体存在温差时发生。

(4)热对流:热传递的一种方式,当存在流体、气体和温度差时发生。

(5)热辐射:热传递的一种方式,只要存在温度差时就会发生,可以在真空中进行。

三、ANSYS 电磁分析

电磁分析主要用于电磁场问题的分析,如电感、电容、磁通量密度、涡流、电场分布、磁力线分布、力、运动效应、电路和能量损失等。电磁分析包括以下类型。

(1)静磁场分析:计算直流电(DC)或永磁体产生的磁场。

(2)交变磁场分析:计算交流电(AC)产生的磁场。

(3)瞬态磁场分析:计算随时间随机变化的电流或外界引起的磁场。

(4)电场分析:用于计算电阻或电容系统的电场。典型的物理量有电流密度、电荷密度、电场及电阻热等。

(5)高频电磁场分析:用于微波及 RF 无源组件、波导、雷达系统、同轴连接器等分析。

四、ANSYS 流体分析

流体分析主要用于确定流体的流动及热行为。流体分析包括以下类型。

(1)CFD(Coupling Fluid Dynamic,耦合流体动力):ANSYS/FLOTRAN 提供强大的计算流体动力分析功能,包括不可压缩或可压缩流体、层流及湍流,以及多组分流等。

(2)声学分析:考虑流体介质与周围固体的相互作用,进行声波传递或水下结构的动力学分析等。

(3)容器内流体分析:考虑容器内的非流动流体的影响。可以确定由于晃动引起的静力压力。

(4)流体动力学耦合分析:在考虑流体约束质量的动力响应基础上,在结构动力学分析中使用流体耦合单元。

五、ANSYS 耦合场分析

耦合场分析主要考虑两个或多个物理场之间的相互作用。如果两个物理场之间相互影响,单独求解一个物理场是不可能得到正确结果的,因此需要一个能够将两个物理场组合到一起求解的分析软件。例如:在压电分析中,需要同时求解电压分布(电场分析)和应变(结构分析)。

六、ANSYS 土木工程专用包

ANSYS 的土木工程专用包 ANSYS/CivilFEM 用来研究钢结构、钢筋混凝土及岩土结构的特性,如房屋建筑、桥梁、大坝、硐室与隧道、地下建筑物等的受力、变形、稳定性及地震响应等情况,从力学计算、组合分析及规范验算与设计方面提出了全面的解决方案,为建筑及岩土工程师提供了功能强大且方便易用的分析手段。

第二节 钻杆接头螺纹的分析实训

一、ANSYS 分析的基本过程

ANSYS 分析过程包含 3 个主要的步骤:前处理、施加载荷并求解和后处理。

1. 前处理——创建有限元模型

(1)创建或读入几何模型。
(2)定义材料属性。
(3)划分网格(节点及单元)。

2. 施加载荷并求解

(1)定义分析选项和求解控制。
(2)施加载荷及载荷选型,设定约束条件。
(3)求解。

3. 后处理

(1) 查看分析结果。

(2) 检验结果(分析是否正确)。

二、案例分析

1. 案例描述

利用 ANSYS 的协同仿真平台 Workbench 中的静力结构(Static Structural)分析模块,分析某一大直径钻杆接头螺纹在拉、扭组合载荷作用下的应力分布状态。所施加的拉伸载荷为 3000kN,扭矩载荷为 200kN·m。

2. 启动 Workbench 并建立分析项目

(1) 在 Windows 系统下执行"开始"—"所有程序"—ANSYS 17.0—Workbench 17.0 命令,启动 ANSYS Workbench 17.0,进入主界面。

(2) 双击主界面 Toolbox(工具箱)中的"Analysis System"—"Static Structural"选项,即可在 Project Schematic(项目管理区)创建分析项目 A,如图 5-1 所示。

3. 导入创建几何体

几何模型的创建既可以使用 ANSYS Workbench 自带的 DesignModeler 模块创建,也可以从其他 CAD 软件中创建好后导入到 ANSYS Workbench 中。由于本模型钻杆螺纹接头使用 DesignModeler 创建比较困难,故采用专业三维制图软件 SolidWorks 来创建螺纹接头的几何模型。在 SolidWorks 中分别创建钻杆的公接头和母接头,然后形成装配体,之后另存为". xt"格式文件导入到 Workbench 中。

图 5-1 创建分析项目 A

(1) 在 A3 栏的 Geometry 上点击鼠标右键,在弹出的快捷菜单中选择"Import Geometry"—"Browse"命令,如图 5-2 所示,此时会弹出"打开"对话框。

(2) 在弹出的"打开"对话框中选择文件路径,导入". xt"格式的几何体文件,此时 A3 栏 Geometry 后的 ❓ 变为 ✓,表示实体模型已经存在。

(3) 双击项目 A 中的 A3 栏 Geometry,此时会进入到 DesignModeler 界面,图形窗口中没有图形显示。单击 Generate (生成)按钮,即可显示生成的几何体,此时可在几何体上进行其他的操作，本例无需进行操作。

(4) 单击 DesignModeler 界面右上角的 ✕（关闭）按钮，退出 DesignModeler，返回到 Workbench 主界面。

4. 添加材料库

(1) 双击项目 A 中的 A2 栏 Engineering Data 项，进入如图 5-3 所示的材料参数设置界面，在该界面下即可进行材料参数设置。

(2) 本例中直接选择 Structural Steel 作为钻杆接头材料，根据实际工程材料的特性，在 Properties of Outline Row 3：Structural Steel 表中可以修改材料的特性，本实例采用的是默认值。

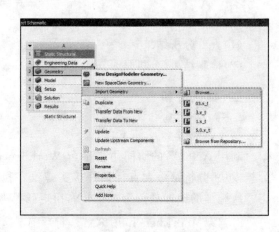

图 5-2 导入几何体

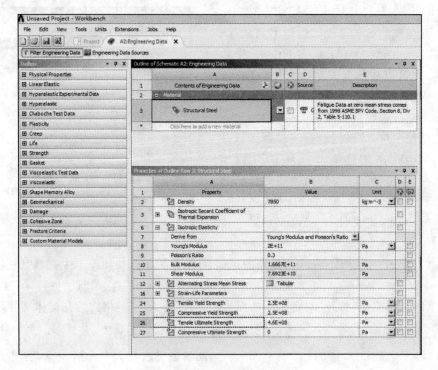

图 5-3 材料参数设置界面

（3）单击工具栏中的 Project 按钮，返回到 Workbench 主界面，材料库添加完毕。

5．添加模型材料属性

（1）双击主界面项目管理区项目 A 中的 A4 栏 Model 项，进入如图 5-4 所示的 Mechanical 界面，在该界面下即可进行网格的划分、分析设置、结果观察等操作。

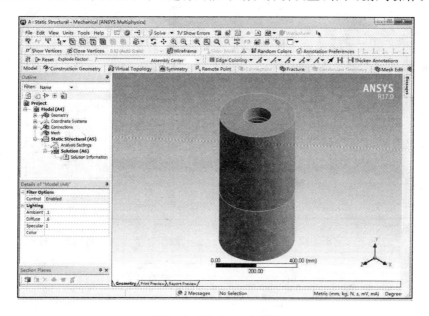

图 5-4　Mechanical 界面

（2）选择 Mechanical 界面左侧 Outline（分析树）中 Geometry 选项下的母接头 box，此时即可在 Details of "box"（参数列表）中给模型添加材料，如图 5-5 所示。

（3）单击参数列表中 Material 下的 Assignment 下拉菜单后的，此时会出现刚刚设置的材料 Structural Steel，选择即可将其添加到模型中去。此时分析树 Geometry 前的 ? 变为 ✓，表示材料已经添加成功。同理可以给 Geometry 选项下的公接头 pin 添加材料，图 5-6 为添加材料后的分析树。

6．接触设置

（1）依次单击 Mechanical 界面左侧 "Outline"（分析树）中的 "Connections"—"Contacts" 命令，如图 5-7 所示，此时会展开软件自动刺探到装配模型中所有接触面，并将接触面定义为 Bonded。

（2）本例由于钻杆螺纹接头之间为摩擦接触，需要将 Bonded 换为 Frictional，

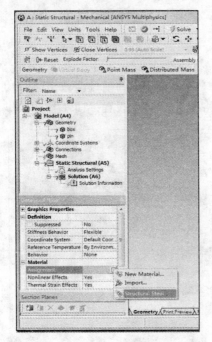 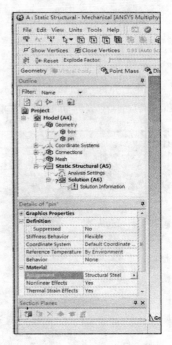

图 5-5 添加模型材料　　　　图 5-6 添加材料后的分析树

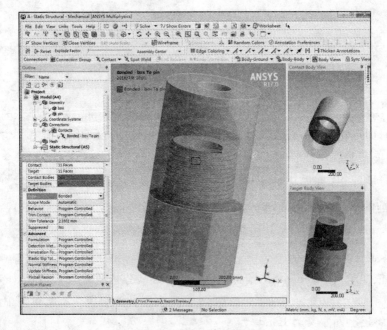

图 5-7 默认接触设置

并将摩擦系数 Friction Coefficient 设为 0.2。另外将接触方程 Formulation 由程序自动控制 Program Controlled 设为增强型拉格朗日方法 Augmented Lagrange。由于螺纹接头需要考虑较多的螺纹细节，为使计算结果能很好收敛，将刚度因子 Normal Stiffness Factor 设为 0.1。图 5-8 所示为接触设置情况。

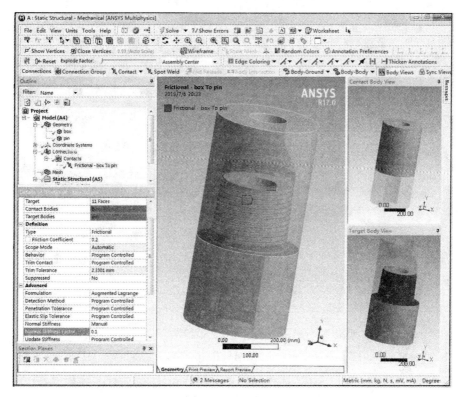

图 5-8　接触设置后的 Mechanical 界面

7. 划分网格

（1）选择 Mechanical 界面左侧"Outline"（分析树）中的"Mesh"选项，此时可在 Details of "Mesh"（参数列表）中修改网格参数，本例在"Sizing"中的"Element Size"选项设置为 15mm，其余采用默认设置。

（2）由于要考虑螺纹细节，需要对螺纹部分网格进行细化，故在"Mesh"选项上单击鼠标右键，在弹出的快捷菜单中选择"Insert"—"Sizing"，在 Details of "Sizing"（参数列表）中的"Geometry"选项单击鼠标左键，然后选择钻杆螺纹公接头 pin 中的接触面，单击"Geometry"选项中的"Apply"，并将"Element Size"选项设置为 5mm，如图 5-9 所示。同理，将母接头 box 的接触面网格尺寸也设置为 5mm。

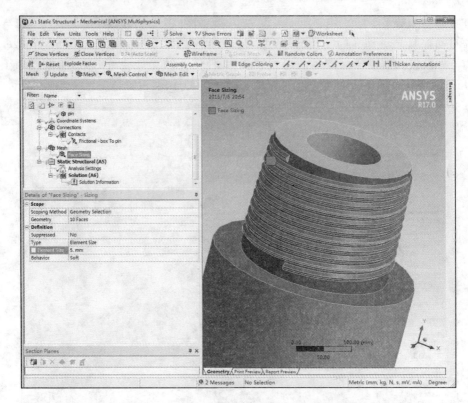

图 5-9　螺纹接头接触面网格尺寸设置

(3) 在"Outlines"(分析树)中的"Mesh"选项单击鼠标右键,在弹出的快捷菜单中选择"Generate Mesh"命令,此时会弹出进度显示条,表示网格正在划分。当网格划分完成后,进度条自动消失,最终的网格效果如图 5-10 所示。

图 5-10　网格划分效果

8. 施加载荷与约束

(1)选择 Mechanical 界面左侧"Outline"(分析树)中的"Static Structural (A5)"选项,此时会出现如图 5-11 所示的 Environment 工具栏。

(2)选择 Environment 工具栏中的 Supports(约束)—"Fixed Support"(固定约束)命令,此时在分析树中会出现"Fixed Support"选项,如图 5-12 所示。

 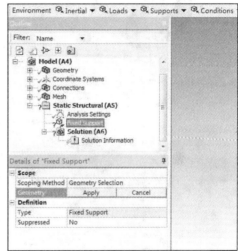

图 5-11 Environment 工具栏　　　　　图 5-12 添加固定约束

(3)选中"Fixed Support",选择需要公接头 pin 的端面为施加固定约束的面,单击 Details of "Fixed Support"(参数列表)中"Geometry"选项下的"Apply"按钮,即可在选中面上施加固定约束,如图 5-13 所示。

(4)如同操作步骤(2)选择 Environment 工具栏中的"Loads"(载荷)—"Force"(力)命令,此时在分析树中会出现"Force"选项。如同操作步骤(3)选择 Force,选择母接头 box 的端面为受力面,单击 Details of "Force"(参数列表)中"Geometry"选项下的"Apply"按钮,在"Definition"—"Define By"中选择"Components",将 Y Component 设置为 3 000 000N,如图 5-14 所示。

(5)如同操作步骤(2)选择 Environment 工具栏中的"Loads"(载荷)—"Moment"(扭矩)命令,此时在分析树中会出现"Moment"选项。如同操作步骤(3)选择"Moment",选择母接头 box 的端面为受力面,单击 Details of "Moment"(参数列表)中"Geometry"选项下的"Apply"按钮,在"Definition"—"Define By"中选择"Components",将"Y Component"设置为 −200 000 000N · mm,如图 5-15 所示。此时就完成了载荷与约束的施加,如图 5-16 所示。

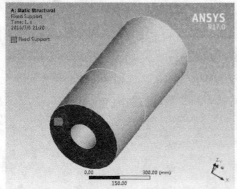

图 5-13 施加固定约束

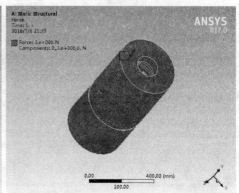

图 5-14 施加轴向拉力

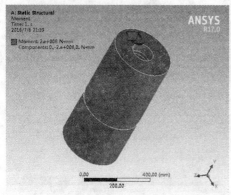

图 5-15 施加扭矩

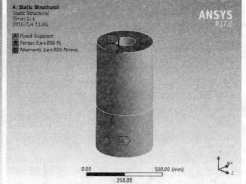

图 5-16 载荷与约束施加情况

(6)选择"Outline"(分析树)中的"Static Structural(A5)"选项单击鼠标右键,在弹出的快捷菜单中选择"Solve"命令,此时会弹出进度显示条,表示正在求解,当求解完成后进度条自动消失。

9. 结果后处理

(1)选择 Mechanical 界面左侧"Outline"(分析树)中的"Solution(A6)"选项,此时会出现 Solution 工具栏。

(2)选择 Solution 工具栏中的"Stress"(应力)—"Equivalent"(von-Mises)命令,此时在分析树中会出现"Equivalent Stress"(等效应力)选项。选中公接头 pin,单击 Details of "Equivalent Stress"(参数列表)中"Geometry"选项下的"Apply"按钮,如图 5-17 所示。

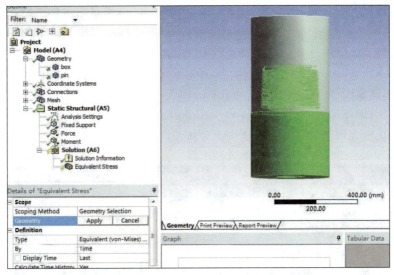

图 5-17　添加公接头 pin 等效应力选项

(3)选择 Solution 工具栏中的"Stress"(应力)—"Equivalent(von – Mises)"命令,此时在分析树中会出现"Equivalent Stress 2"(等效应力)选项。选中母接头 box,单击 Details of "Equivalent Stress 2"(参数列表)中"Geometry"选项下的"Apply"按钮,如图 5-18 所示。

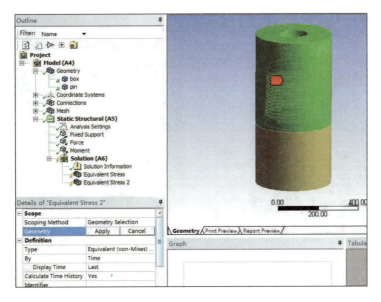

图 5-18　添加母接头 box 等效应力选项

(4)选择"Outline"(分析树)中的"Solution(A6)"选项单击鼠标右键,在弹出的快捷菜单中选择"Evaluate All Results"命令,此时会弹出进度显示条,表示正在求解,当求解完成后进度条自动消失。

(5)选择"Outline"(分析树)中"Solution(A6)"下的"Equivalent Stress"选项,此时会出现如图5-19所示的应力分析云图。

(6)选择"Outline"(分析树)中"Solution(A6)"下的"Equivalent Stress 2"选项,此时会出现如图5-20所示的应力分析云图。

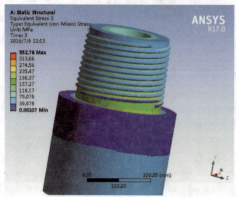 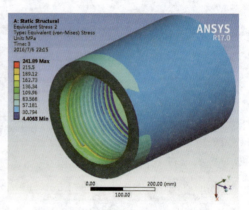

图5-19 公接头pin的应力云图　　　　图5-20 母接头box的应力云图

(7)另外也可以查看截面的应力云图,如图5-21所示。

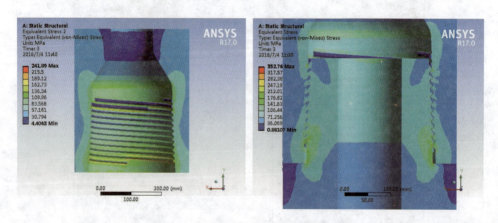

图5-21 螺纹接头截面上的应力云图

第六章　测绘工具及零件测绘

第一节　量具及其使用

检测用量具和工具种类很多,可以单独使用或组合使用,包括钢直尺、内外卡钳、塞尺、游标读数量具(如普通游标卡尺、高度游标卡尺、深度游标卡尺)、螺旋测微量具(外径百分尺、内径百分尺、三爪内径千分尺、壁厚千分尺、螺纹千分尺、深度千分尺)、量块、指示式量具(百分表、千分表、杠杆百分表、内径百分表)、角度量具(万能角度尺、游标量角器、带表角度尺、中心规、正弦规、车刀量角台)、水平仪和各种螺纹量规等。还有一些测量辅助工具,如锉刀、砂纸和油石等。本章介绍几种典型量具及其使用方法。

一、螺纹的测量和螺纹量规

1. 专用牙规测量法(综合测量法)

螺纹牙规检验螺纹属综合测量,其测量螺纹效率高。牙规分塞规(栓规)和环规两种,分别用于螺纹的内(母)螺纹和外(公)螺纹测量。使用前需经过相关检验计量机构检验合格后方可使用。不管是螺纹塞规还是环规,一般同一个规格有两件作为一套同时使用,分别称为通规和止规。作为量具,牙规应轻拿轻放,严禁将牙规作为切削工具强制旋入螺纹或挤出螺纹,避免造成早期磨损。专用牙规如图6-1所示。

1) 螺纹环规(包括通规和止规)的使用步骤

(1) 先清理干净被测螺纹油污、杂质,确保被测外螺纹旋入端无毛刺、无坏牙、无碰伤。

(2) 通规与被测外螺纹对正,然后用拇指与食指转动通规与被测外螺纹,使通规旋入被测外螺纹,在转动过程中,用力需均匀。

(3) 使其在自由状态下旋合通过螺纹长度。

(4) 再用止规与被测外螺纹对正,然后用拇指与食指转动止规与被测外螺纹,使止规旋入被测外螺纹,在转动过程中,用力需均匀。

图 6-1 专用牙规

(5)若旋入螺纹工件不过两扣,也就是不到两个螺距,则判为该工件外螺纹合格。

2)螺纹塞规(包括通规和止规)的使用步骤

(1)先清理干净被测内螺纹油污、杂质,确保被测内螺纹旋入端无毛刺、无坏牙、无碰伤。

(2)通规与被测内螺纹对正,然后用拇指与食指转动通规与被测内螺纹,使通规旋入被测内螺纹,在转动过程中,用力需均匀。

(3)使其在自由状态下旋合通过螺纹长度。

(4)再用止规与被测内螺纹对正,然后用拇指与食指转动止规与被测内螺纹,使止规旋入被测内螺纹,在转动过程中,用力需均匀。

(5)若旋入螺纹工件不过两扣,也就是不到两个螺距,则判为该工件内螺纹合格。

3)加工钻具螺纹时可配备牙规和光规(表 6-1)

表 6-1 钻具螺纹测量用牙规和光规

螺纹类型	量规名称		作用	使用方法
外螺纹	螺纹环规	通规(T)	检查"作用中径"和小径不大于最大极限尺寸	旋入通过
		止规(Z)	检查"单一中径"不小于中径最大极限尺寸	允许部分旋入
	光滑环规	通规(T)	检查螺纹大径不大于最小极限尺寸	通过大径
		止规(Z)	检查螺纹大径不小于最小极限尺寸	不通过大径
内螺纹	螺纹塞规	通规(T)	检查"作用中径"和大径不小于最小极限尺寸	旋入通过
		止规(Z)	检查"单一中径"不大于中径最大极限尺寸	允许部分旋入
	光滑塞规	通规(T)	检查螺纹小径不小于最大极限尺寸	通过小径
		止规(Z)	检查螺纹小径不大于最大极限尺寸	不通过小径

2. 传统量具测量法

用螺距规(螺纹样板)测量螺距或组合工具测量螺纹。若用螺纹规测量,应找出与被测螺纹牙型吻合的样板,从而读出螺距,如图 6-2 所示。传统工具中的游标卡尺或千分尺可以测量螺纹大径;螺纹千分尺和三针法可以测量螺纹中径,如图 6-3 所示。此处仅介绍三针螺纹中径测量法原理。将三针放入螺纹牙槽中,按图 6-4 所示方法进行测量,得到两边顶针顶点间距 M。在 3 个不同的截面互相垂直的两个方向上分别测出 M 值。取 M 的平均值代入公式,计算求出螺纹中径。此外,也可将螺纹的牙尖拓印在纸上,然后用钢尺测量印痕间的距离即为螺距数值。

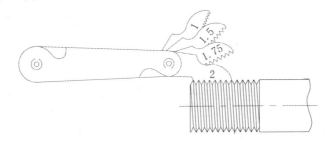

图 6-2 螺纹样板规测量螺纹

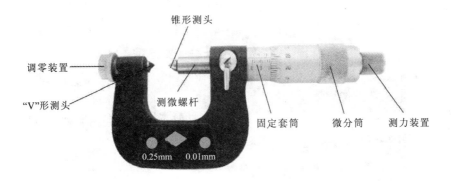

图 6-3 三针螺纹千分尺

用三针法测量螺纹中径是将 3 根直径相同的量针分别安置在被检测的螺纹两边的牙槽内,位置如图 6-4(a)所示。读出 3 根量针外母线之间的跨距 M,根据已知的螺距 P、牙型半角 $\alpha/2$ 及量针直径 d_0 的数值算出螺纹的单一中径 d_{2s}。如图 6-4(b)所示为尺寸关系,可推出计算公式:

$$M = d_{2s} + d_0 \left[1 + \frac{1}{\sin \frac{\alpha}{2}}\right] - \frac{P}{2} \cos \frac{\alpha}{2}$$

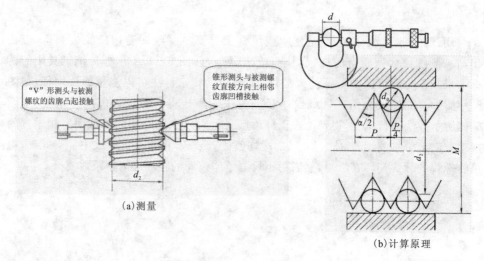

图 6-4 外螺纹中径三针测量法原理

对于普通螺纹，$\alpha_2 = 30°$，则有 $d_{2s} = M - 3d_0 + 0.866P$。
对于梯形螺纹，$\alpha_2 = 15°$，则有 $d_{2s} = M - 4.864d_0 + 1.866P$。

此公式的推导，是设定中径处的螺纹牙槽宽度为半个基本螺距值 $\dfrac{P}{2}$。当螺距无误差时，单一中径就是螺纹中径，如果螺距有误差，二者则不相同。

三针法的测量精度，除与所选计量器具的示值误差和量针本身的误差有关外，还与被检测螺纹的螺距误差和牙型半角误差有关。为了消除牙型半角误差对测量结果的影响，应选最佳量针 d_0，使它与螺纹牙型侧面的接触点，恰好在中径线上。最佳 $d_0 = P/(2\cos\alpha/2)$。三针法的测量精度比目前常用的其他方法的测量精度要高，而且应用也较方便。

3. 仪器测量法

用螺纹切片或直接将外螺纹在专用投影仪器上测出各种几何参数。

先用焦棒把显微镜的焦距调准，将要测螺纹装上，按照光圈表选择光圈，再将立柱倾斜螺旋角，然后移动显微镜和测件，使被测量齿形进入视野，通过调整使齿形轮廓在轴平面上清晰，即可对各参数进行测量。这些参数包括中径、螺距、螺型角等。

(1) 中径测量：将目镜视场中米字线中心虚线与调整清楚的螺纹牙形轮廓的影像压线，记下横向读数，再将显微镜的立柱沿横向行程移动，使目镜米字线中心虚线与螺纹直径对面的另一个牙形轮廓的影像相压，工作台纵向不能移动，读出横向第二次读数，两次读数之差即为螺纹中径值。为消除安装时螺纹制件轴线不垂直于导轨所产生的误差,可在同一牙廓多次测量取其平均值,进行计算。

(2) 螺距测量:同样将显微镜立柱倾斜一个螺纹升角,使显微镜目镜米字线中心虚线与螺纹牙形轮廓影像相压,记下纵坐标读数,然后移动工作台,读出相邻同名齿的纵坐标值,两数差就是螺距值。为消除因螺纹轴线和测量方法不平行所引起的系统误差,在测量时,左右牙廓各读一次,取其平均值。

(3) 螺型角测量:螺纹安装方法同前。目镜中米字线与螺纹牙轮廓用光隙法压线,其角度直接在角度目镜中读出,测量时左右牙要测量,螺纹轴线两侧也要测,然后对相对的同一螺旋面上所测得的两个半角分别取代数和,即可求出被测左、右螺型半角值。

二、内外径、壁厚和间隙的测量方法

测量工具包括钢尺、内卡钳、外卡钳、游标类卡尺、螺旋测微尺、指示式量具(百分表、千分表)和塞尺等,如图 6-5 所示。

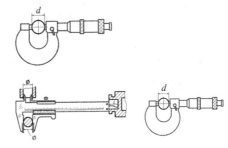

图 6-5 常用的测量工具

测量外径用外卡钳时,外卡应与被测量零件的轴线垂直;测量内径用内卡钳时,内卡应沿轴线方向放入,然后轻松转动,测量出最大的尺寸即为直径尺寸。用上述工具测量,还需再用钢尺量出其数值。若用游标卡尺测量内、外径,则可直接读出尺寸数值。

百分表和千分表可以用来测量微小位移。如校正零件或夹具的安装位置、检验零件的形状精度或相互位置精度等。千分表的读数值精度为 0.001mm,百分表的读数值精度则为 0.01mm。

内径百分表用来测量圆柱孔直径,它附有成套的可调测量头,使用前必须先进行组合和校对零位,如图 6-6 所示。

组合时,将百分表装入连杆内,使小指针指在 0~1 的位置上,长针和连杆轴线重合,刻度盘上的字应垂直向下,以便于测量时观察,装好后应予紧固。测量前应根据被测孔径大小用外径百分尺调整好尺寸后才能使用,如图6-7所示。在调整尺寸时,正确选用可换测头的长度及其伸出距离,应使被测尺寸在活动测头总移动量的中间位置。

测量时,连杆中心线应与工件中心线平行,不得歪斜,同时应在圆周上多测几个点,找出孔径的实际尺寸,看是否在公差范围以内,如图6-8所示。

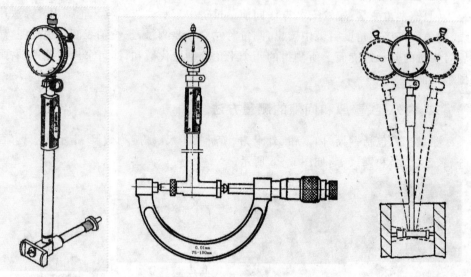

图6-6 内径百分表　　图6-7 用外径百分尺调整尺寸　　图6-8 测量内径

当被测零件的壁厚能直接量取时,可采用钢尺或游标尺测量;若不宜直接量取时,可采用钢尺和外卡配合测量,如图6-9所示。

塞尺又称厚薄规或间隙片,如图6-10所示。测量时,根据结合面间隙的大

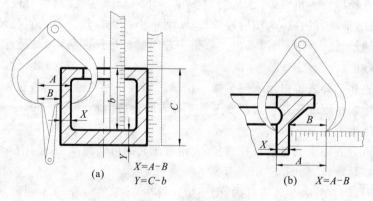

图6-9 测量壁厚

小，用一片或数片重叠在一起塞进间隙内。例如用一片0.03mm的间隙片能插入间隙，而一片0.04mm的间隙片不能插入间隙，这说明间隙在0.03～0.04mm之间，所以塞尺也是一种界限量规。

三、测量圆角和曲线轮廓

测量圆角可应用圆角规。测量时找出与被测零件相吻合的样板，从而读出圆角半径的大小。如图6-11所示。

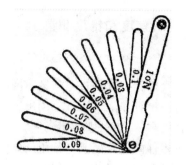

图6-10 测量间隙的塞尺

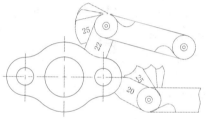

图6-11 测量圆角和圆弧

铅丝法是将铅丝弯成与被测的曲线或曲面部分的实形相吻合的形状，然后将铅丝放在纸上画出曲线，最后适当分段用中垂线法求得各段圆弧的中心，再量得半径。

拓印法是在零件的被测部位，覆盖一张纸，用手轻压纸面，或用铅芯或用复写纸，在纸面上轻磨，即可印出曲面轮廓，得到真实的平面曲线，再求出各段圆弧半径。

圆度或偏心距测量多采用百分表配套表架座或磁性表座来完成，如图6-12所示。将量具放在平台上，使测量头与工件表面接触，使指针偏转几圈，再把刻度盘零位对准指针。当指针顺时针摆动时，说明工件尺寸偏大，当指针逆时针摆动，则说明工件尺寸偏小。

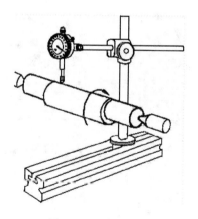

图6-12 偏心测量

四、角度和锥度测量

1. 直接测量法

直接测量法是指用测量角度的量具和量仪直接测量,被测的锥度或角度的数值可在量具和量仪上直接读出。对于精度不高的工件,常用万能角度尺进行测量;对精度高的工件,则需用光学分度头和测角仪进行测量。万能角度尺是用来测量精密零件内外角或进行角度划线的角度量具。

常见的万能角度尺,如图 6-13 所示。在主尺 1 上刻有 90 个分度和 30 个辅助分度。扇形板 4 上刻有游标,用卡块 7 可以把直角尺 5 及直角尺 6 固定在扇形板 4 上,主尺 1 能沿着扇形板 4 的圆弧面和制动头 3 的圆弧面移动,用制动头 3 可以把主尺 1 紧固在所需的位置上,测量范围为 0°~320°。由于游标上刻有 30 格,所占的总角度为 29°,两者每格刻线的度数差是 2′,因此,读数值精度也为 2′,即

$$1° - \frac{29°}{30} = \frac{1°}{30} = 2′$$

万能角度尺的读数方法和游标卡尺相同,先读出游标零线前的角度是几度,再从游标上读出角度"分"的数值,两者相加就是被测零件的角度数值。

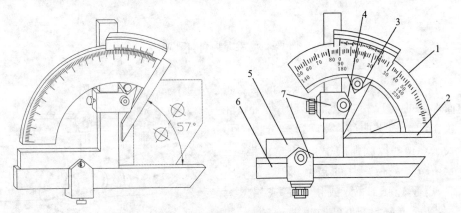

图 6-13 万能角度尺角度测量和结构原理
1.主尺;2.基尺;3.制动头;4.扇形板;5、6.直角尺;7.卡块

2. 间接测量法

间接测量法是测量与被测角度有关的尺寸,再经过计算得到被测角度值。常用的有正弦规、圆柱、圆球、平板等工具和量具。正弦规是圆锥测量中常用的计量器具,它是利用三角函数的正弦关系来度量的,故称正弦规或正弦尺,适用于测量圆锥角小于 30°的锥度。图 6-14 所示为用正弦规测量圆锥量规的锥角和锥角偏差。

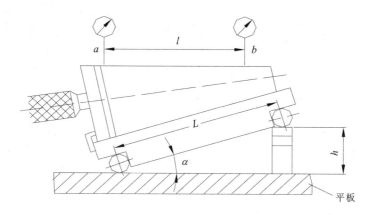

图 6-14 正弦规测量工件锥度

例如,测量圆锥塞规的锥角时,使用的正弦规中心距为 $L=200\text{mm}$,在一个圆柱下垫入的量块高度 $h=10.06\text{mm}$ 时,才使百分表在圆锥塞规的全长上读数相等。此时圆锥塞规的锥角采用如下计算方法:

$$\sin 2\alpha = \frac{H}{L} = \frac{10.06}{200} = 0.0503$$

查正弦函数表得 $2\alpha=2°53'$,即圆锥塞规的实际锥角为 $2°53'$。

如果被测量角度有偏差,则 a、b 两点示值必有一差值 Δh,此时锥度偏差(rad)为:

$$\Delta c = \frac{\Delta h}{l}$$

式中,l 为 a、b 两点间距离。如换算成锥角偏差 $\Delta\alpha(")$ 时,可按下式近似计算:

$$\Delta\alpha = 2\times 10^5 \times \frac{\Delta h}{l}$$

3. 比较测量法

比较测量法又称相对测量法。它是将角度量具与被测角度比较,用光隙法或涂色检验的方法估计被测锥度及角度的误差测量。其常用的量具有圆锥量规和锥度样板等。

圆锥量规的测量方法如下。

圆锥量规可以检验零件的锥度及基面距误差。检验时,先检验锥度。检验锥度常用涂层法,在量规表面沿着素线方向涂上 3~4 条均布的红丹线,与零件研合转动 1/3~1/2 转,取出量规,根据接触面的位置和大小判断锥角误差;然后用圆锥量规检验零件的基面距误差,在量规的大端或小端处有距离为 m 的两条刻线或台阶,m 为零件圆锥的基面距公差。如图 6-15 所示。

测量时,被测圆锥的端面只要介于两条刻线之间,即为合格。

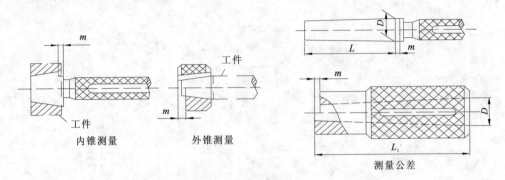

图 6-15 锥度量规

第二节 零件的测绘

测绘就是根据实物,通过测量,绘制出实物图样的过程。测绘与设计不同,测绘是先有实物,再画出图样,而设计一般是先有图样后有实物。如果把设计工作看成是构思实物的过程,那么测绘工作可以说是一个认识实物和再现实物的过程。一般先绘制出零件草图,然后根据零件草图整理出零件工作图。

钻具测绘之前,首先要对钻具进行全面的分析研究,通过观察、研究、分析,了解该钻具的结构和工作情况,要认真阅读指导书,这样可以了解钻具的用途、性能、工作原理、结构特点以及零件间的装配关系。

在初步了解钻具结构后,注意拆卸顺序,依次拆卸各零件,弄清各零件的装配关系、结构和作用,弄清零件间的配合关系和配合性质。注意:拆卸前应先测量一些重要的装配尺寸,如零件间的相对位置尺寸、中心距、极限尺寸和装配间隙等。对精密的或主要零件,不要使用粗笨的重物敲击,对精密度较高的过盈配合零件尽量不拆,以免损坏零件。

一、钻具测绘的一般步骤

1. 测绘前的准备工作

在着手画钻具零件草图前,应该对零件和有关资料进行详细分析,分析的内容如下。

(1)了解该钻具各零件的名称、作用和用途。

(2)鉴定各零件的材料,分析毛坯来源及加工情况,识别零件毛坯或机械加工的缺陷及使用过程中的磨损和损坏,避免将其反映到图样中去。

(3)分析形体,根据零件在钻具总成中的作用,明确各组成部分的几何形状和相对位置，了解工艺要求，为选择视图方案和标注尺寸做准备。

（4）拟定该零件的表达方案，根据视图的选择原则和各种表达方法，结合被测零件的具体情况，选择恰当的视图表达方案，同时确定图纸幅面的大小，并画出图框、标题栏和号签。

2．徒手绘制零件草图

1）布置视图

布置视图时，首先目测零件长、宽、高之间的尺寸比例，估计出各视图应占的幅面，同时应在各视图之间留有适当的距离，以备标注尺寸，然后画出各视图的基准线、中心线。

2）绘制草图底稿

用细实线详细画出表示内、外形状和细部结构的视图、剖视和剖面。应注意，各几何形体的投影在基本视图上应尽量同时绘制，以保证正确的投影关系。

3）标注尺寸及表面粗糙度符号

（1）绘制尺寸线、尺寸界线和尺寸箭头等。首先选定尺寸基准，画出尺寸线、尺寸界线及尺寸箭头，并加注直径、半径符号"Φ"、"R"，并同时画出剖面线。

（2）测量尺寸。在画零件草图时，应避免一边画图，一边进行尺寸数字的测量与注写，应在视图和尺寸线画完后，集中测量各尺寸数字，依次进行书写。

测量尺寸时，应力求准确，并注意下列几点。①两零件相互配合的尺寸，测量其中一个尺寸即可，如相互配合的轴和轴孔的直径，相互旋合的内外螺纹的外径等。②对于重要尺寸，有的要通过计算，如重要装配间隙等；有些测得的尺寸，应取标准数值；对于不重要的尺寸，如为小数时，可取整数。③零件上已标准化的结构尺寸，例如倒角、圆角、键槽、螺纹退刀槽等结构尺寸，可查阅有关标准确定。零件上与标准部件如滚动轴承相配合的轴或孔的尺寸，可通过标准部件的型号查表确定。

（3）标注表面粗糙度符号、代号及其他技术要求。完成零件草图，按零件各表面的作用和加工情况，标注各表面粗糙度代号。根据零件的设计要求和作用，注写合理的公差配合代号等。初学者可以参考同类型的或用途相近的零件图及有关资料来制定，如参考第三章第三节内容。若以文字形式说明有关技术要求，可注写在标题栏的上方。

4）检查加深

检查有无遗漏的投影线和尺寸，并按标准线型徒手加深。注意草图上的线型虽不按比例严格要求，但必须粗细分明，草图上的字体，也应书写工整、清楚。

3．根据草图绘制钻具零件工作图

一般零件草图是现场测绘的，测绘的时间不允许太长，有些问题只要表达清楚就可以了,不一定是最完善的,因此,在画零件工作图之前,需要对零件草图再次进行审核。

1)零件草图的审核

(1)表达方案是否完整、清晰和简便。

(2)尺寸标注是否齐全、清晰和合理,特别应注意尺寸间是否协调。

(3)技术条件是否满足零件的性能要求,又比较经济。

(4)图中各项内容是否符合标准,必要时进行调整。

2)零件工作图的绘制

用传统工具或计算机工具进行绘制,计算机绘制工具有 Autocad、CAXA、SolidWorks 和 Pro/E 等。注意选择恰当的尺寸基准,不要注成封闭尺寸链。

4. 钻具装配图的绘制

在画装配图时,零件的尺寸大小一定要画得准确,装配关系不能搞错,这是很重要的一次校对工作,必须认真仔细。装配图的表达方法确定后,应根据具体部件真实大小及其结构的复杂程度,确定合适的比例和图幅,选定图幅时不仅要考虑到视图所需的面积,而且要把标题栏、明细表、零件序号、标注尺寸和技术要求的位置一并计算在内,确定用哪一号图纸幅面后即可着手布置图面。装配图不必注出零件的全部尺寸,只需标出一些必要的尺寸,如特征尺寸、装配尺寸、安装尺寸、外形尺寸和其他重要尺寸等,具体参阅有关手册。

二、零件测绘中的关键要素

1. 尺寸的圆整和协调

按实物测量出来的尺寸往往不是整数,所以,应对测量出来的尺寸进行处理、圆整。尺寸圆整后,可简化计算,使图形清晰,提高工作效率。基本原则:逢 4 舍,逢 6 进,遇 5 保证偶数。如 13.75 圆整为 13.8,13.85 圆整为 13.8。

2. 形位公差和公差配合

主要功能尺寸圆整时,考虑到零件制造误差是由系统误差与随机误差造成的,其概率分布应符合正态分布曲线,故假定零件的实际尺寸应位于零件公差带中部,即当尺寸只有一个实测值时,就可将其当成公差中值,尽量将基本尺寸按国标圆整成为整数,并同时保证所给公差等级在 IT9 级以内。公差值可以采用单向公差或双向公差,最好为后者。如现有一个实测值为钻具轴向非圆结构尺寸 19.98,确定基本尺寸和公差等级时,查阅手册,20 与实测值接近。根据保证所给公差等级在 IT9 级以内的要求,初步定为 20IT9,查阅公差表,知公差为 0.052。关于非圆的长度尺寸公差一般处理为:孔按 H,轴按 h,一般长度按 js(对称公差带)取基本偏差代号为 js,公差等级取为 9 级,则此时的上下偏差分别为 $es=+0.026$ 和 $ei=-0.026$,实测尺寸 19.98 的位置基本符合要求。

配合尺寸的圆整:配合尺寸属于零件上的功能尺寸,确定是否合适,直接影响到产品性能和装配精度,要做好以下工作:①确定轴孔基本尺寸(方法同轴向主要尺寸的圆整);②确定配合性质(根据拆卸时零件之间的松紧程度,可初步判断出是有间隙的配合还是有过盈的配合);③确定基准制(一般取基孔制);④确定公差等级(在满足使用要求的前提下,尽量选择较低等级)。

例:现有一个实测值为 Φ19.98,请确定基本尺寸和公差等级。查阅手册,Φ20 与实测值接近。根据保证所给公差等级在 IT9 级以内的要求,初步定为 Φ20 IT9,查阅公差表,知公差为 0.052。若取基本偏差为 f,则极限偏差为:$es=-0.020$ 和 $ei=-0.072$。此时,Φ19.98 不是公差中值,需要作调整选为 Φ20h9,其 $es=0$,$ei=-0.052$,此时,Φ19.98 基本为公差中值。再根据零件在该位置的作用校对一下,即可确定下来。

3. 材料和表面粗糙度的确定

零件材料的确定,可根据实物结合有关标准、手册的分析初步确定。钻具常用的金属材料有碳钢、合金钢、铜及非金属材料等。参考同类型零件的材料,用类比法确定或参阅有关手册和标准。

零件表面粗糙度等级可根据各个表面的工作要求及精度等级来确定,可以参考同类零件的粗糙度要求或使用粗糙度样板进行比较确定。确定表面粗糙度等级时可根据下面几点决定。

(1)一般情况下,零件的接触表面比非接触表面的粗糙度要求高。

(2)零件表面有相对运动时,相对速度越高,所受单位面积压力越大,粗糙度要求越高。

(3)间隙配合的间隙越小,表面粗糙度要求应越高,过盈配合为了保证连接的可靠性亦应有较高要求的粗糙度。

(4)在配合性质相同的条件下,零件尺寸越小则粗糙度要求越高,轴比孔的粗糙度要求高。

(5)密封、耐腐蚀的表面粗糙度要求高。

(6)受周期载荷的表面粗糙度要求应较高。

4. 技术要求的确定

凡是用符号不便于标注,而在制造时或加工后又必须保证的条件和要求都可注写在"技术要求"中,其内容参阅有关资料手册,用类比法确定。

第七章　钻杆生产工艺

钻杆柱是最薄弱的环节,工况恶劣,其质量与材质、热处理、加工精度、结构参数(螺纹参数)等息息相关,设计时请执行相关标准。鉴于钻探专业的交叉性,本章引入热处理基础、机械设计和制造等知识内容,对钻杆柱加工过程进行阐述。

第一节　热处理及其实例

热处理是将金属材料放在一定的介质内加热、保温、冷却,通过改变材料表面或内部的金相组织结构,来控制其性能的一种金属热加工工艺。热处理有时只有加热和冷却两个过程,这些过程互相衔接,不可间断。

在从石器时代进展到铜器时代和铁器时代的过程中,热处理的作用逐渐为人们所认识。早在公元前770—前222年,中国人在生产实践中就已发现,铜铁的性能会因温度和加压变形的影响而变化。白口铸铁的柔化处理就是制造农具的重要工艺。

公元前6世纪,钢铁兵器逐渐被采用,为了提高钢的硬度,淬火工艺遂得到迅速发展。中国河北省易县燕下都出土的两把剑和一把戟,其显微组织中都有马氏体存在,说明是经过淬火的。

随着淬火技术的发展,人们逐渐发现淬冷剂对淬火质量的影响。三国蜀人蒲元曾在今陕西斜谷为诸葛亮打制3000把刀,相传是派人到成都取水淬火的。这说明中国在古代就注意到不同水质的冷却能力了,同时也注意到了油和尿的冷却能力。中国出土的西汉(公元前206—公元24年)中山靖王墓中的宝剑,心部含碳量为0.15%~0.40%,而表面含碳量却达0.60%以上,说明已应用了渗碳工艺。但当时作为个人"手艺"的秘密,不肯外传,因而发展很慢。

1863年,英国金相学家和地质学家展示了钢铁在显微镜下的6种不同的金相组织,证明了钢在加热和冷却时,内部会发生组织改变,钢中高温时的相在急冷时转变为一种较硬的相。法国人奥斯蒙德确立的铁的同素异构理论,以及英国人奥斯汀最早制定的铁碳相图,为现代热处理工艺初步奠定了理论基础。与此同时,人们还研究了在金属热处理的加热过程中对金属的保护方法,以避免加热过程中金属的氧化和脱碳等。

1850—1880年,对于应用各种气体(诸如氢气、煤气、一氧化碳等)进行保护加热曾有一系列专利。1889—1890年英国人莱克获得多种金属光亮热处理的专利。

20世纪以来,金属物理的发展和其他新技术的移植应用,使金属热处理工艺得到更大发展。一个显著的进展是1901—1925年,在工业生产中应用转筒炉进行气体渗碳;20世纪30年代出现露点电位差计,使炉内气氛的碳势达到可控,以后又研究出用二氧化碳红外仪、氧探头等进一步控制炉内气氛碳势的方法;20世纪60年代,热处理技术运用了等离子场的作用,发展了离子渗氮、渗碳工艺;激光、电子束技术的应用,又使金属获得了新的表面热处理和化学热处理方法。

地质行业中地质管材的热处理是一个很重要的应用分类,地质管材多为不同成分的合金钢,加工时需要根据其应用特点及加工方法采用相应的热处理手段,而热处理质量的好坏则直接影响到钻杆钻具的使用寿命、生产安全(避免孔内事故)。

一、热处理和表面处理基本方法

1. 地质管的退火

退火是将管料加热到一定温度,即发生相变或部分相变的温度,并保温一段时间,然后使它慢慢冷却的热处理方法。退火的目的是为了消除组织缺陷、改善组织,使成分均匀化以及细化晶粒,提高地质管的力学性能,减少残余应力,同时可降低硬度,提高塑性和韧性,改善切削加工性能。退火既可消除和改善前道工序遗留的组织缺陷和内应力,又可为后续工序做好准备,故退火属于半成品热处理,又称预先热处理。

2. 地质管的正火

正火是将地质管加热到临界温度以上,使地质管全部转变为均匀的奥氏体,然后在空气中自然冷却的热处理方法。它能消除过共析钢的网状渗碳体,对于亚共析钢正火可细化晶格,提高综合力学性能。对要求不高的零件用正火代替退火工艺是比较经济的。以钻杆材料35CrMo和36Mn2V为例,将钻杆加热到$840\sim860$℃,达到完全奥氏体化,保温1个小时后空冷。其目的可消除内应力,降低硬度和脆性,增加塑性,稳定钻杆尺寸并防止变形开裂,改善加工切削性能。

3. 地质管的淬火

淬火是将地质管加热到临界温度以上,保温一段时间,然后很快放入淬火剂中,使其温度骤然降低,以大于临界冷却速度的速度急速冷却,而获得以马氏体为主的不平衡组织的热处理方法。淬火能增加钢的强度和硬度,但是使钢的塑性降低。淬火中常用的淬火剂有水、油、碱水和盐类溶液等。以钻杆材料35CrMo和

36Mn2V 为例,将钻杆加热到 850℃,保温 2 个小时,油冷至室温。工艺特点:淬火加热温度高于 Accm,有助于 Mn、Si、Cr 元素的溶解,提高淬透性。按照工件应用分类,淬火可以分为整体淬火和表面淬火。

4. 地质管的回火

将已经淬火的地质管重新加热到一定温度,再用一定方法冷却称为回火。其目的是消除淬火产生的内应力,降低硬度和脆性,以取得预期的力学性能。回火分高温回火、中温回火和低温回火 3 类。回火多与淬火、正火配合使用。

(1)调质处理:淬火后高温回火的热处理方法称为调质处理。高温回火是指在 500~650℃ 之间进行回火。调质可以使钢的性能、材质得到很大程度的调整,其强度、塑性和韧性都较好,具有良好的综合机械性能。以钻杆材料 35CrMo 和 36Mn2V 为例,将钻杆加热到 550℃,保温 4 个小时,然后出炉空冷,消除了淬火所产生的内应力,降低硬度和脆性,以获得所需要的机械性能。

(2)时效处理:为了消除精密模具、零件(特别是细长的工件如管材、桅杆、桁架等)在长期使用中尺寸、形状发生变化,常在低温回火后(低温回火温度 150~250℃)精加工前,把工件重新加热到 100~150℃,保持 5~20h,这种为稳定精密制件质量所做的处理,称为时效。对在低温或动载荷条件下的地质管进行时效处理,以消除残余应力,稳定钢材组织和尺寸,尤为重要。

5. 钢的表面处理

(1)表面淬火:是将地质管的表面通过快速加热到临界温度以上,但热量还未来得及传到心部之前迅速冷却,这样就可以把表面层淬成马氏体组织,而心部没有发生相变,这就实现了表面淬硬而心部不变的目的。适用于中碳钢。

(2)化学热处理:是指将化学元素的原子,借助高温时原子扩散的能力,把它渗入到工件的表面层去,来改变工件表面层的化学成分和结构,从而达到使钢的表面层具有特定要求的组织和性能的一种热处理工艺。按照渗入元素的种类不同,化学热处理可分为渗碳、渗氮、氰化和渗金属法 4 种。

渗碳:是指使碳原子渗入到钢表面层的过程。它是使低碳钢的工件具有高碳钢的表面层,再经过淬火和低温回火,使工件的表面层具有高硬度和耐磨性,而工件的中心部分仍然保持着低碳钢的韧性和塑性。

渗氮:又称氮化,是指向钢的表面层渗入氮原子的过程。其目的是提高表面层的硬度与耐磨性以及提高疲劳强度、抗腐蚀性等。目前生产中多采用气体渗氮法。

氰化:又称碳氮共渗,是指在钢中同时渗入碳原子与氮原子的过程。它使钢表面具有渗碳与渗氮的特性。

渗金属:是指以金属原子渗入钢的表面层的过程。它是使钢的表面层合金化,以使工件表面具有某些合金钢、地质管的特性,如耐热、耐磨、抗氧化、耐腐蚀等。生产中常用的有渗铝、渗铬、渗硼、渗硅等。

(3)表面覆盖与覆膜技术:也叫表面处理技术,包括电镀、化学镀、化学转化膜以及气相沉积等。

电镀与化学镀有纯金属电镀、合金电镀、电刷镀等;化学转化膜包括化学氧化处理、磷化处理等;气相沉积包括化学气相沉积和物理气相沉积等。

磷化是一种化学与电化学反应形成磷酸盐化学转化膜的过程,所形成的磷酸盐转化膜称为磷化膜。磷化的目的主要是给基体金属提供保护,在一定程度上防止金属被腐蚀,采用磷化,还可以避免氢脆问题。化学镀 Ni-P 合金工艺是一种新颖的金属材料表面强化工艺。无锡钻探工具厂用化学镀 Ni-P 法对钻杆接头进行了表面处理。它可以增加材料表面硬度和耐磨性、耐蚀性,并可对超差或磨损零件进行补差和修复。

(4)表面合金化技术:包括喷焊、堆焊、离子注入、激光熔覆等。

(5)喷丸、滚压表面加工硬化技术。

二、钻具的热处理工艺

目前,对钻杆的性能要求主要是对硬度方面的要求,因为在通常情况下,钻杆硬度在 HRC30~35 之间时的力学性能即可满足钻杆在使用时的性能要求,如表 7-1 所示。但是也有公司提出了更高的力学性能要求。如 API 钻杆管体钢级为 S135 的性能指标要求为 $931MPa \leqslant \sigma_s \leqslant 1138MPa$、$\sigma_b \geqslant 1000MPa$、$AKv \geqslant 54\%$;钻杆接头 $\sigma_s \geqslant 827MPa$、$\sigma_b \geqslant 965MPa$、$AKv \geqslant 54\%$。但是,总的来说,调质后的钻杆从理论上讲已经完全可以达到上面所要求的力学性能,至于实践中的具体结果是否和理论上一致,取决于生产过程的控制。

表 7-1 钻杆接头机械性能一般要求

抗拉强度(MPa)	屈服强度(MPa)	伸长率(%)	断面收缩率(%)	硬度(HB)
≥965	≥825	≥45	≥13	≥285

转换接头也是由高强度合金钢经过热处理加工而成,所有转换接头的力学性能应符合钻铤的材料表面硬度,可按 ASTM A370—2012 测量,满足 HB277~285 或 HRC27~35 要求。

事故打捞锥由于要在落鱼头上形成新丝扣,其表面硬度一般为 HRC60~65,材料可选择 30SiMnMoV、20CrMo、40CrMnSiMoV 等,其抗拉极限大于等于

932MPa,冲击韧性大于等于58.8J/cm²。

热处理规范(主要是回火温度和保温时间)必须由实验确定。如42CrMo是一种钻具,常用中碳钢,具有良好的淬透性,调质后有较高的强度极限和屈服极限,并具有良好的抗疲劳和冲击韧性,且无明显的回火脆性,综合机械性能良好。用该材料设计公接头设计的要求是表面硬度值为HRC31～35。母接头的设计要求表面硬度为HRC27～32。

根据机械设计手册,42CrMo调质后 $\sigma_s=930$MPa,$\sigma_b=1080$MPa。此时强度高,心部也有一定的韧性。热处理后,实际测试结果为:公接头硬度为HRC31～35时,对应抗拉强度为948～1058MPa。由于母接头加工完后属薄壁管件,应适当降低硬度,提高塑性和韧性,设置表面硬度为HRC27～32。手册对应的热处理参数如表7-2所示,实际过程热处理参数如表7-3所示。

表7-2 42CrMo钢淬火和回火处理参数值

淬火温度(℃)	850				
淬火硬度(HRC)	>55				
回火温度(℃)	620	580	500	400	300
回火硬度(HRC)	25～30	30～35	35～40	40～45	45～50

表7-3 接头实际热处理参数

接头类型	淬火温度(℃)	淬火保温时间(min)	回火温度(℃)	回火保温时间(min)	接头硬度(HRC)
公接头	850	30	620	60	32～34
母接头	850	25	640	60	28～31

三、钻杆的热处理实例

以42CrMo和30CrMnSi两种中碳低合金钢钻杆材料为例进行分析。

1. 42CrMo的化学成分分析

材料42CrMo的含碳量为0.38%～0.45%,属于亚共析钢,同时 $0.25\% \leqslant \omega_c \leqslant 0.60\%$,是典型的中碳钢。$0.90\% \leqslant \omega_{Cr} \leqslant 1.20\%$,铬元素的加入可以提高钢的淬透性,但同时却增加了钢回火脆性的敏感性。$0.15\% \leqslant \omega_{Mo} \leqslant 0.25\%$,属于微量元素,钼元素的加入也可以提高钢的淬透性,但它的加入则可以明显地降低钢对回火脆性的敏感性。

2. 30CrMnSi 的化学成分分析

材料 30CrMnSi 的含碳量为 0.27%～0.34%，同样是在亚共析钢范围内的低中碳钢，其合金元素的含量小于等于 3%，属于低中碳低合金结构钢。其中 $0.80\% \leqslant \omega_{Cr} \leqslant 1.10\%$，铬元素的加入是为了提高钢的淬透性，淬火后可获得更多的马氏体组织。和铬元素的作用一样，锰元素和硅元素的加入也是为了提高钢的淬透性，其中 $0.80\% \leqslant \omega_{Mn} \leqslant 1.10\%$，$0.90\% \leqslant \omega_{Si} \leqslant 1.20\%$。但是 Cr、Mn、Si 3 个元素复合加入时，则明显提高了钢的回火脆性。由此可知，材料 30CrMnSi 是有回火脆性的低中碳低合金钢，且淬透性较好。

3. 钻杆调质工艺的选择

要求的硬度范围为 HRC30～35。实验材料：42CrMo 和 30CrMnSi 的环形试样各一只，直径为 Φ73mm，壁厚为 8mm。实验记录如表 7-4 所示。

表 7-4 调质工艺参数和设备

淬火温度为 860℃	加热设备为 100%NaCl 盐浴炉，最高使用温度≤950℃
保温时间 5min	淬火介质为 32# 机械油
硬度检测范围为 HRC45～46.5	检测设备为洛氏硬度机
回火温度为 550℃	加热设备为台车式电阻炉
保温时间为 5h	
硬度检测范围为 HRC30.5～33	检测设备为洛氏硬度机

经上述工艺加工完成后的钻杆，通过硬度检测，验证此工艺满足实际生产的需要。因此，钻杆的调质工艺优化曲线如图 7-1 所示。

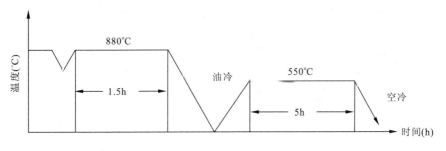

图 7-1 某材质钻杆的调质工艺

第二节　钻杆成型与加工工艺

一、石油钻杆成型和加工过程

为了提高公母螺纹连接处的强度和耐磨性，国内外采用了不同的钻杆结构型式，归纳起来共有3种：一是在钻杆体上直接加工公母螺纹（即螺纹直接连接）；二是螺纹连接公母接头；三是焊接公母接头。图7-2为公母接头式石油钻杆的加工过程。热处理工序是用于改善钻杆的整体力学性能，在镦粗（图7-3、图7-4）的过程中对钻杆会造成热损伤，热处理工序使其具有较强的硬度和良好的塑性与韧性。①奥氏体化：把在室温非奥氏体组织的钢加热到Ac1温度以上时，则钢的室温组织开始转变为奥氏体，称之为奥氏体化。这种奥氏体组织只有在高温时稳定。②淬火：将钢加热到临界温度Ac3或是Ac1以上所给定的温度并保温一定时间，然后将其快速冷却。③回火：将淬火或正火后的钢加热到低于临界温度下的某一选定的温度，并保温一定时间，然后以一适宜的冷却速度冷却，借以消除淬火和正火所产生的残余应力，增加钢的延展性及韧性。加工状态如图7-5至图7-8所示。

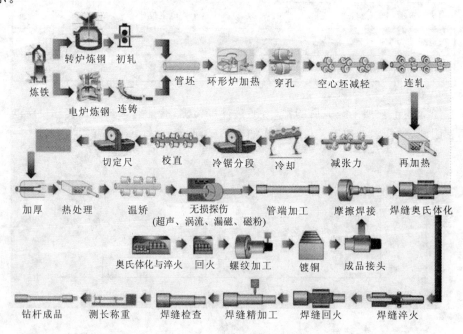

图7-2　石油钻杆加工过程

图 7-3 钻杆墩粗

图 7-4 墩粗切面

图 7-5 钻杆热处理

图 7-6 钻杆接头摩擦焊

图 7-7 摩擦焊焊缝

图7-8 焊缝热处理

二、非开挖钻杆的加工过程

非开挖钻杆受力非常复杂,强度和硬度要求严格,其典型加工过程如图7-9所示。

图7-9 非开挖钻杆的加工过程

(1)下料。从无缝钢管上截取等长的单个管体。这里的无缝钢管是由圆柱形钢材通过热挤压之后形成的。

(2)镦头。由于钻杆两头需要加工丝扣且与地层接触,所以对钻杆两头进行镦头加厚处理。采用中频炉将管子头部加热,然后采用热挤压的方法。

(3)机加工一。紧随镦头之后的一道工序,是指将管体两头进行粗加工。

(4)调质。采用调质热处理工序改善钻杆整体力学性能,使其具有较强的硬度和良好的塑性与韧性。

(5)检测。对调质处理后的钻杆进行力学性能检测,主要检测硬度,检测设备为洛氏硬度计。

(6)校直。由于钻杆在淬火过程中的组织应力和热应力的作用,调质处理后的钻杆会产生变形,通过校直使其恢复。

(7)机加工二。即在钻杆两头分别车出外螺纹和内螺纹,用于连接。

(8)镀铬。为了增加螺纹表面的耐磨性,在内外螺纹处电镀铬元素,以增加螺纹表面的硬度。

(9)涂漆。机加工完成后的钻杆,要进行涂漆处理,防止钻杆管体生锈,增加产品的美观性。

(10)包装。上述9道工序完成了钻杆加工,剩下的就是包装了。将钻杆包装成捆,交给客户,完成交易。

第三节 绳索取心钻杆普车工艺

一、设备选用

对零件外圆、内孔、特形面以及各种内外螺纹进行车加工,是实践的基础内容。此处介绍车削螺纹的基本原理和方法。螺纹的加工,车床主轴与刀具之间必须保持严格的运动关系,即主轴(工件)每旋转一周,刀具均匀地移动一个导程的距离。其基本原理:主轴带着工件转动,主轴的运动经挂轮箱传到进给箱;由进给箱经变速后(主要是为了获得各种螺距)再传给丝杠;由丝杠和溜板箱上的开合螺母配合带动刀架作直线移动,这样工件的转动和刀具的移动都是通过主轴的带动来实现的,从而保证了工件和刀具之间严格的运动关系,如图7-10所示。

丝扣车削加工前必须掌握绳索钻杆螺纹参数,如螺纹锥度、螺距、螺纹牙型角、紧密距以及螺纹密封参数等,由于钻杆较长,选择管子螺纹切丝机车床进行加工,

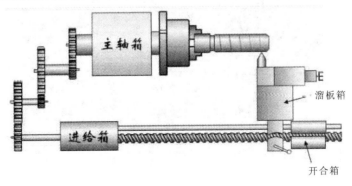

图7-10 车床螺纹加工基本原理

如图7-11所示,并保证切丝机主轴前后卡盘的同心度。要求钻杆两端丝扣对钻杆外圆形位公差不大于0.2mm。

为了保证螺纹加工精度,严格检查主轴轴向窜动,靠模板与中拖板、拖板与机床面的间隙,挂轮箱齿轮的齿合度,丝杠与开合丝母之间的间隙以及丝杠与丝母之间的间隙等。

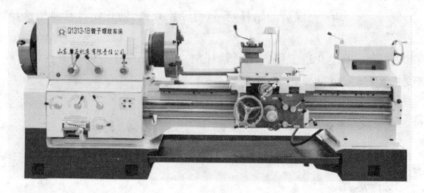

图7-11 管子螺纹车床

二、刀具的选用

刀具是关键,普车加工绳索取心钻杆丝扣时,需要3把刀具完成。第一把车刀用90°偏刀,车削丝扣的前端(俗称平头)以及丝扣的丝顶,即外圆车刀。第二把车刀用于车削75°密封角。第三把刀具用于螺纹的车削。如图7-12所示。

图7-12 3把普车刀具

一般刀具由刀体和刀片组成,包括机夹刀具和焊接刀具。机夹刀是一种用螺丝将刀片固定在刀体上,不需要刃磨和重新对刃的刀具,应用比较普遍,而焊接刀具是将刀片用铜焊焊接在刀体上,需要刃磨。人工刃磨后再用油石研磨一下,能增加其耐用性和精度。无论机夹刀体还是焊接刀体均要有刚性,能够承载较大的切削力。刀片材料有很多种,常用的有合金工具钢、高速工具钢、硬质合金、陶瓷材料、人造金刚石、立方氮化硼、硬质合金镀层等。

由于绳索钻杆材料是合金钢,试验加工绳索钻杆的材质采用45MnMoB材质,钻杆原料硬度为HRC22左右,是一种相对不易加工的材料,所以选择外圆90°车刀是机夹合金镀层刀具,75°密封角车刀是焊接刀具,经过人工刃磨成70°副前角车刀。螺纹刀具用机夹合金定制成型刀具。

三、绳索钻杆外丝加工

1. 准备工作

(1)切削液的准备:切削液在金属切切削过程中有四大作用。①润滑作用。②冷却作用:保持刀具硬度,提高加工精度和刀具耐用度。③清洗作用:使刀具切削刃口保持锋利,不致影响切削效果。对于油基切削油,尤其是含有煤油、柴油等轻组分的切削油,渗透性和清洗性能较好。含有表面活性剂的水基切削液,清洗效果较好。④防锈作用。

(2)锥度调整方法:锥度的加工可通过以下三种方法。①小拖板转动角度车锥体,适应于小拖板行程以内各种角度的锥体加工;②偏离尾座车锥体,适应度数小长轴锥体的加工;③靠模法加工锥体,利用靠模板安装拖板上进行锥体加工。本示例采用第三种方法,如图7-13所示。

2. 普车

实习时,准备一件Φ71mm×5mm、长约200mm的绳索钻杆料,装入三爪自动定心卡盘并留出80mm长钻杆头,找正卡紧,调整机床靠模位置至1:30锥度后锁紧各部分螺丝,如图7-14所示。

装上第一把90°车刀,调整手柄,使转数为300~400r/min,走刀量为0.15~0.3mm/r,吃刀深度0.5~2mm进行试车锥度。试车一次后,校验锥度,锥度不符,调整靠模,使接触面达到90%以上。锥度验好后,调转刀台,装上第二把75°车密封角车刀,用角度尺校准75°角。同理,转动刀台,装上车丝刀,用角度尺校正好牙型角。图7-15为安装在刀台上的3把刀具。

普车时,所有车刀切削刃刃尖与工件轴线中心高一样或高出1mm,过高和过低对锥度有影响,也容易产生啃刀现象。由于绳索钻杆材料是合金钢,硬度为

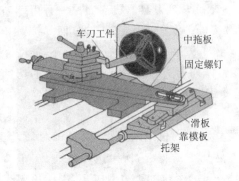 

图 7-13　车锥度的靠模原理　　　　　图 7-14　机床靠模调整

图 7-15　刀台上的 3 把刀具

HRC28～32,是不易加工的材料,特别容易产生抗刀。

车削过程如下:松开卡盘,找正夹紧后,调转刀台至 90°车刀,缓抬离合手柄到位,平头并车外圆锥度。用光规验锥度,尺寸达到要求后,车螺纹止口至图纸要求。退刀调转刀台至 75°车密封角车刀,车削前后 75°密封角。退刀后调整手柄,转速为 100～150r/min,螺距公制 8mm,打开切削液,对刀试车螺纹,每次吃刀深度 0.2mm 左右,最后两刀在 0.05～0.1mm 进行上刀,车至图纸要求深度,用油光锉刀打去毛刺,用螺纹环规校验螺纹,如不符合要求,找出原因进行调整,直到符合图纸要求。

加工螺纹时,机床丝杠螺纹与工件螺纹不是整倍数,采用正反转、不抬开合丝母加工螺纹的方法,由于螺纹螺距大,主轴转 6 转车刀走刀距离 48mm,按图纸要求,螺纹扣长加止口长共 50mm,如主轴 100r/min,3.6s 车刀完成一次螺纹的加工,这时操作者一定要全神贯注,左手按下离合器的同时,右手迅速将中拖板退出,进行下一刀的车削,需要反复7~8次完成螺纹的加工。

3. 提高螺纹精度的方法

螺纹全长或局部出现螺距不均匀或螺纹上出现竹节纹,主要原因是挂轮搭配不当、车床丝杠本身磨损引起,或由于丝杠的轴向窜动、主轴的轴向窜动、溜板箱的开合螺母与丝杠不同轴而造成啮合不良、溜板箱燕尾导轨磨损而造成开合螺母闭合时不稳定、挂轮间隙过大等引起。

精度的测量,是用螺纹规保证的。车削时要详细检查刻度盘是否松动,精车余量要适当,车刀刃口要锋利,测量要及时。影响螺纹表面粗糙度的因素主要有车刀刃口不光洁、切削液不适当、切削速度和工件材料不匹配以及切削过程产生振动等。

第四节 绳索取心钻杆关键技术

一、钻杆的选材

国内绳索取心钻杆的材质以优质合金钢为主。对于中深孔钻探,钻杆材质可选择 DZ60、R780 合金钢。深孔钻杆材质可选择 30CrMnSi、42CrMo、45MnMoB、XJY780 合金钢。钻杆体普遍采用综合机械性能较好的 45MnMoB,公母螺纹接头采用经过调质处理的 30CrMnSiA 或 45MnMoB。它们的基本力学性能如表 7-5 所示。

表 7-5 国产不同型号优质合金钢力学性能参数

型号	DZ60	R780	30CrMnSi	42CrMo	45MnMoB	XJY780
抗拉强度(MPa)	780	780	1080	1080	966	1020
屈服强度(MPa)	600	520	885	930	861	950
延伸率(%)	130	13	12	12	12	16

XJY850 经过调质处理后,综合机械性能略高于传统的绳索钻杆接头料 30CrMnSi,尤其是该材料的延伸率较高,有利于钻杆的塑性变形。材料工艺性能的好坏,会直接影响制造零件的工艺方法和质量以及制造成本。材料主要的工艺性能有铸造性、可锻性、可焊性和切削加工性等。但是对于绳索钻杆加工而言,影响最大的是切削加工性。

二、螺纹的加工技术

为了提高绳索取心钻杆螺纹加工精度,控制螺纹各个关键参数的加工非常重要,需要工人长期的加工经验,配上多种检测量规,才能保证钻杆和接手的精度及互换性。

由于高强度绳索取心钻杆需要在墩粗和整体调质之后进行粗车和精车,因此,在硬度上比普通的钢管要硬得多,切削加工难度增加,高精度要求使得刀具的损耗也非常大。

对于刀具要进行严格的检查,将刀具放入投影仪,其尺寸形状都有较为严格的衡量标准。有条件应采用专门的工具磨床磨削刀具,并用电子显微镜或投影仪进行精确测量。如日本利根公司使用投影仪把刀具图纸放大 20 倍,按投影放大图在工具磨床上磨削刀具。如果放大图纸线条误差为 0.3mm,刀具轮廓投影误差为 0.3mm,此时工件的实际加工精度为 (0.3+0.3)/20=0.03mm。除此之外,安装刀具时要使用对刀规,以保证刀具安装位置正确。

钻杆粗车一般采用普车加工,而接头和钻杆螺纹的加工应采用专用数控螺纹车床和螺纹车刀来完成。螺纹切削专用刀具(图 7-16)不同于常规的三角螺纹刀,常规三角螺纹的刀片由螺钉直接固定在刀排上,而专用刀具是采用仿比利时的锯齿形条形合金刀条,其刀条背面有锯齿,能与刀排的锯齿相啮合,可以防止刀片左右窜动,刀的正面再用螺钉固定,可以防止由于受切削力而使刀片松动。刀的牙形通过线切割由电脑控制程序一次性完成。

为了控制螺纹加工精度,除了采用量规检测外,还需使用内外千分尺进行测量,公差控制在 0.02mm,以保证钻杆螺纹加工的通用性和互换性。钻杆螺纹必须逐个经过螺纹量规检查。通常一种规格钻杆共有 8 把螺纹量规、4 把环规、4 把塞规,分别用于检验公母螺纹的锥度、齿底、齿顶宽。如图 7-17 所示为系列钻杆螺纹量规。

图 7-16 成型专用螺纹刀

图 7-17 钻杆螺纹量规

三、钻杆杆体和表面的处理

1. 钻杆两端墩粗处理

一般加厚钻杆在两端内外加厚墩粗的过程中,需要经过数次墩头才能达到所需加工要求。高强度 CNHT 钻杆原材料规格为外径 Φ71mm、内径 Φ61mm、壁厚 5mm 的钢管,而成型产品两端外径为 Φ74mm、内径为 Φ58mm、壁厚为 8mm。从壁厚为 5mm 的钢管压缩墩头为壁厚 8mm 的钢管,需要进行两次墩粗加工才能达到所需的尺寸要求,如图 7-18 所示。

主要设备包括中频感应加热设备、630/351 管端加厚机组,以及根据钻杆设计要求专门设计的成型模具。采用中频设备加热,其加热速度快,对管体过渡带的热影响区较小,配套采用红外线温控装置,能够实时监测到杆体的加热温度,防止钻杆过烧。每批次钻杆加厚后都抽样进行金相分析,分析结果完全符合管端加厚产品金相分析的相关规定。

图 7-18 端部墩粗后的钻杆

2. 接头热处理

螺纹连接钻杆和焊接钻杆的公母接头在机加工前要进行调质处理(硬度 HRC28~32),调质硬度不宜过高,否则不易机加工。调质处理(图 7-19)目的是为了提高公母接头强度,而对硬度的提高有限。为了提高接头表面的硬度和耐磨性,还必须进行高频淬火、镀硬铬等。

一些钻杆生产企业对等离子弧焊钻杆的公母接头表面进行如下处理。

(1)公母接头外圆表面高频淬火,淬火硬度为 HRC50~55,淬火深度为 0.7~1.0mm。

图 7-19　钻杆接头热处理自动化生产线

（2）公螺纹齿顶高频淬火，淬火硬度为 HRC50～55，淬火深度为 0.1～0.2mm。

（3）母接头外圆表面镀硬铬，厚度为 0.1～0.15mm。

这些工艺的实施，不仅提高了公母螺纹接头的耐磨性，而且增加了镀铬层的牢固度，能减少公母螺纹拧紧时的黏滞作用，方便拧卸，也降低了母接头外圆表面的摩擦系数，从而延长接头使用寿命。

3. 接头镀镍磷处理

为了检验钻杆接头螺纹的表面强度，将 4 种经过表面处理后的接头样品包括普通调质（HRC28～32）、高频淬火（HRC55～57）、表面 Ni-P 镀0.03mm、表面氮化 0.3mm 等处理后的样品）放入泥沙筒内进行 72h 不间断的研磨，接头转速为 800r/min。每隔一段时间后进行外圆测量，查看磨损情况。对比测试的结果表现为：经过氮化处理的接头比较耐磨，平均耐磨时间为 0.010 027 25mm/h，表面 Ni-P 镀的接头耐磨性平均为 0.014 435 25mm/h，调质接头磨损最大，平均为 0.018 652mm/h。图 7-20 为 Ni-P 镀表面处理接头和螺纹。

4. 钻杆表面喷丸处理

涂抹防锈漆是钻杆表面处理的常规方法。钻杆表面喷丸处理工艺则对绳索取

第七章　钻杆生产工艺　　147

心钻杆有强化的作用。喷丸处理自动化生产线如图7-21所示,该设备自动化程度高,将钻杆堆放在入料口,生产线会进行自动进料操作,然后一根一根地进行流水线式的喷丸强化,喷丸之后再喷涂防锈油,防止钻杆锈蚀。

图7-20　CHHT钻杆端部镀镍磷处理后的螺纹

喷丸处理就是将无数微小的钢丸以高速度喷射到零件表面,高速喷射的钢丸具有一定的能量,会在钻杆表面形成许许多多的凹陷小坑,这些凹陷小坑就是塑性变形坑,在凹坑的下面形成一定厚度的强化层,强化层具有很高的残余应力。如生产弹簧时,大都会进行喷丸处理,以提高弹簧的疲劳强度,延长弹簧的使用寿命。喷丸处理是一个冷处理过程,它不仅不会对钻杆的内部组织造成伤害,而且对提高绳索取心钻杆的疲劳寿命有利。

图7-21　喷丸处理自动化生产

第八章　金刚石钻头的设计和制造

钻头是克取和破碎岩石的工具,根据切削材料的种类和钻进工艺不同,把钻头分为硬质合金钻头、金刚石钻头、复合片钻头、钢粒钻头和牙轮钻头等。金刚石钻头是岩心钻探常用的工具,制作工艺多种多样,其生产工艺主要采用电镀法和热压烧结法。可以说,金刚石钻头的制作技术代表了金刚石工具的技术内涵。本章主要介绍小口径热压烧结孕镶金刚石钻头的设计和制造方法。

第一节　孕镶金刚石钻头设计基础

金刚石钻头设计的实质是使钻头与所钻岩石性质相适应。与钻头相关的岩石物理力学性质有抗压强度、硬度、研磨性、可钻性、岩粉的冲蚀性、岩石的物质成分及其颗粒度。与钻头有关的参数包括钻头的唇部结构、水路系统、胎体硬度、胎体的耐磨性、胎体的冲击韧性、胎体的抗弯强度、胎体的抗冲蚀性、金刚石浓度、金刚石粒度、金刚石质量、排列、出刃和钻头保径等。金刚石钻头设计时,影响钻头效率和寿命的参数主要有金刚石强度、粒度、浓度、胎体硬度和钻头唇面结构。如图8-1所示为岩石与钻头之间最关键的相关关系。

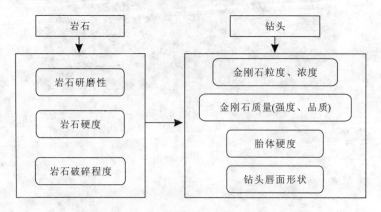

图8-1　钻头和岩石之间最关键的相关关系

第八章　金刚石钻头的设计和制造

钻头设计时必须重视的几个关系如下。

(1)金刚石浓度与岩石硬度之间的关系：一般认为，岩石越坚硬、越致密，金刚石浓度相应越低；而金刚石质量越好、粒度越细，浓度也应越低。兼顾考虑胎体的耐磨性和机械钻速，最合理的金刚石浓度为70%～120%。推荐值：中硬岩层采用高浓度(>85%)，中硬—硬岩层采用中浓度(50%～85%)，坚硬岩层采用低浓度(<50%)。

(2)金刚石浓度与岩石研磨性的关系：研磨性强时，若钻头的金刚石浓度太低，胎体内分布的金刚石容易被细颗粒硬质岩屑研磨，造成钻头胎体磨损严重，胎体磨损之后，会失去对金刚石的包镶能力，导致金刚石脱落，丧失工作能力。研磨性越低，金刚石浓度相应越低。另外，增加低品级、细颗粒金刚石，可以提高胎体的耐磨性。

(3)金刚石粒度与岩石硬度的关系：①颗粒度小的金刚石较易刻进岩石，锋利性能体现出来。岩石越硬、越破碎，金刚石的粒度就应越细，因为金刚石细粒出刃小，抗冲击性好，金刚石钻头耐磨性提高。②颗粒大的金刚石，出刃大，当岩石硬度较低时，粗粒金刚石能充分地"吃入"岩石，克取较大的岩屑。因此，采用粗粒金刚石可获得更高的钻速，钻进效率高。③制作孕镶金刚石钻头时经常采用不同粒度的金刚石进行混合，即采用混合粒级。主磨料主要起掏槽作用，提高钻进速度。主磨料金刚石一般颗粒度为70/80目以粗，金刚石品级和强度均较高。辅磨料细粒金刚石主要增强钻头的抗磨损能力，提高胎体唇面的保形。推荐值：从中硬—硬地层选取人造金刚石的粒度依次为大于35/40目—45/50目—60/70目—80/100目—100/120目。

(4)金刚石钻头胎体硬度与岩石研磨性的关系：金刚石钻头胎体主要作用是包裹金刚石，并保持适当的新陈代谢功能，使金刚石及时出露、同步磨损，使钻头锋利性和寿命兼顾。岩石的研磨性越强或硬度越低，则钻头胎体的硬度应越高，反之，岩石的研磨性越弱或硬度越高，则钻头胎体的硬度应低些。但是，研磨性强且硬度高的岩石，不宜选软胎体钻头，否则它将迅速磨损，很快失去工作能力。

(5)胎体性能与钻进工况之间的关系：胎体要牢固包镶金刚石，并且具有足够的强度和一定的硬度，具备一定的抗冲击韧性和抗冲蚀能力。对于高研磨性和破碎的地层要求设计较高的胎体强度。热压法和冷压法制造成的胎体一般抗弯强度不能低于700MPa，对于无压法制造的胎体则不应低于500MPa。

(6)胎体性能与胎体配方中各组分行为作用之间的关系：钻头胎体配方与胎体性能密切相关，不同岩石应采用不同的具有针对性的配方。钻头胎体配方是由骨架相和黏结相所构成，配方中含有多种元素，所以烧结后的钻头胎体是多元合金。粉末组分中含黏结金属元素、碳化物形成元素、骨架元素以及特异作用元素与合金等。

必须重视配方中各组分在烧结态时的行为作用。一般胎体中骨架金属比例提高，其耐磨性也相对增强，如随铸造 WC、WC、TiC 等的百分比含量的增加，胎体材料的耐磨性增加。由于胎体中黏结剂的加入量不同，胎体烧结温度也不同，各元素在合金中的溶解度不同，所以各元素在胎体中的作用也不同。

胎体配方粉末主要包括碳化钨（WC）、钨（W）、钴（Co）、镍（Ni）、铁（Fe）、锰（Mn）、铬（Cr）、钛（Ti）、青铜（663Cu）、铜（Cu）、铜锡合金（如 Cu-Sn10）以及非金属粉末等。常见金属粉末的宏观形貌如图 8-2 所示。性能指标如表 8-1 表示。粉末颗粒度一般为 200～400 目。可根据烧结温度和工艺选择不同粒度粉末，如根据需要可选择铸造 WC（200 目以细）、WC（400 目以细）和 W 晶体（80～100 目以细）作为骨架成分；近年来，预合金粉、超细粉和稀土粉也逐步应用于钻头。下面介绍常用"单质"粉的物理化学特性及其在配方内所起到的作用。

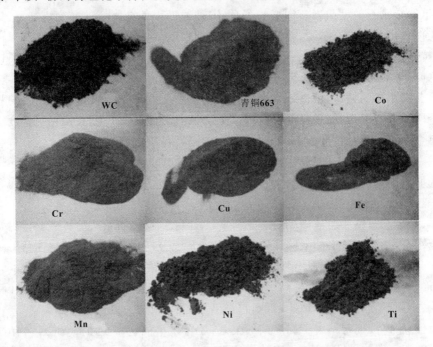

图 8-2　几种典型金属粉末

(1) 碳化钨（WC）：熔点 2870℃，相对密度 15.63g/cm³，黑色六方晶体。它导热率高，热膨胀系数与金刚石接近。在常用的金刚石钻头胎体中，大多数钨和碳化钨占 40% 以上。铸造 WC、WC、W、SiC 和 Fe 等可作为胎体骨架成分。

(2) 镍（Ni）：熔点 1455℃，密度 8.9g/cm³，有良好的抗氧化性，在金刚石工具的黏结剂中，Ni 是不可缺少的元素。Ni 与 Cu 无限互溶，铜基加入镍，抑制金属流失,增加韧性和耐磨性;铁基结合剂中加入镍和铜,可以降低烧结温度,减少热蚀。Fe、Ni 的适当搭配,可以大大提高 Fe 基黏结剂对金刚石的把持力。

表 8-1　金属的熔点和密度

金属名称	Sn	Cd	Pb	Zn	Sb	Al	Ag	Cu
密度(g/cm³)	7.298	8.65	11.3	7.14	6.68	2.7	10.5	8.93
熔点(℃)	231.9	321.03	327.35	419.4	630.5	658	960.8	1083
金属名称	Mn	663Cu	Ni	Co	Fe	Cr	W	Ti
密度(g/cm³)	7.44	8.82	8.9	8.9	7.86	7.1	19.3	4.51
熔点(℃)	1244	800	1455	1495	1538	1857	3370	1668

(3)钴(Co):熔点 1495℃,密度 8.9g/cm³,在潮湿空气中易氧化。钴在液相下对金刚石有较大的附着功,约是铜与金刚石的 10 倍,因此,纯钴烧结性能优异,对金刚石的包镶力极强。另外,还原钴粉的可烧结性、成型性好,国外金刚石钻头大多以钴基为主,但是胎体硬度随钴含量提高而下降,磨损失重随钴含量提高而增加,即胎体耐磨性随钴含量提高而下降。我国为贫钴国家,钴价昂贵。

(4)钛(Ti):熔点 1668℃,密度 4.51g/cm³。钛的导热性和导电性能较差,近似或略低于不锈钢,与氧亲和力大,粉末氧化后无法用氢气还原。钛可降低接触角,改善胎体与金刚石的黏结程度。钛对胎体有一定的强化作用,适量加入可提高胎体的耐磨性。

(5)锰(Mn):熔点 1244℃,密度 7.44g/cm³。锰易氧化,难还原,使用时应特别注意。一般用量控制在 5% 以下,作为一种良好的脱氧剂,在烧结过程中可降低胎体中的氧含量。其作用包括两个方面:一是可直接与胎体粉末颗粒吸附的氧发生反应,形成 MnO_2;二是可还原 Fe、Co、Cu、Ni 表面的氧化膜,用置换反应活化 Fe、Co、Cu、Ni 的表面,从而促进烧结,显著提高胎体的强度和耐磨性能。除此之外,锰与铜、锌可形成锰黄铜,使烧结温度降低。

(6)青铜(663Cu):一种预合金粉末,锌-锡-铅-铜所占比例分别为 6%-6%-3%-85%。烧结温度低,可烧结性和成形性均很好,是普遍应用的金属黏结剂,但其弱点是低熔点金属含量高达 15%。Zn 的膨胀系数很大,Pb、Sn 也具较大的热膨胀系数,烧结和冷却过程中易产生比较大的体积效应,Pb 在液相时是很容易偏聚的元素,有时因 Pb 的偏聚发生体积膨胀,影响钻头的质量。

(7)铁(Fe):熔点为 1538℃,密度 7.86g/cm³。铁的价格低,与金刚石有较好的润湿性,接触角小,与骨架材料的相容性很好,液体时铁与金刚石的附着功大于钴与镍,并可以形成多种碳化物增强金刚石把持力。Fe 具有比 Cu、Ni、Co 更低的线胀系数,更接近金刚石的线胀系数,对防止冷却裂纹的出现起到一定的作用。铁基胎体耐磨性高于钴基,但铁基胎体变形大于钴基,低熔点金属易发生流失。铁粉不仅是钻头水口粉的主要材料,还可以作为钻头胎体的骨架材料。

(8)铬(Cr):熔点 1857℃,是一种强碳化物形成元素。极少量的铬就可以大大改善铜对金刚石的润湿,提高胎体的抗弯强度。铬的加入对钴基胎体有强化作用,1‰的铬含量效果较好。

(9)铜(Cu):熔点 1083℃,多采用电解铜粉,具较低的烧结温度、较好的成形性和可烧结性。纯铜对金刚石的把持力和黏结力都不高,但对碳化物和骨化物及骨架材料的相容性很好,熔化后的铜迅速与锌、钴、镍等形成多元青铜和铜合金。它在胎体中是较好的黏结相,使骨架烧结在一起,并具有良好的成形性。

第二节 金刚石钻头生产的主要设备

孕镶金刚石钻头的生产设备和配套工具如表 8-2 所示。

表 8-2 钻头的生产设备和配套工具

序号	名称	规格型号	额定功率	用途
1	自控中频压机	ZPM-100	100kW	热压烧结主设备
2	自控智能烧结机	SM-100	60kW	金刚石节块或保径块烧结
3	超音频感应焊接设备	GP-40E 或 GP-60E	振荡功率 40kW 或 60kW	金刚石节块的焊接、复合片(PDC) 钻头焊接、钻头保径合金焊接
4	喷砂机	可选		除锈、除油
5	恒温箱、保温槽	可选		保温
6	混料机	可选		金属粉末和金刚石混合
7	水口切磨机			切磨水口
8	车床	可选		钢体加工和钻头后加工
9	硬度计	HR-150 洛氏硬度计		硬度检测
10	喷漆设备	可选		喷漆
11	造粒机	可选		改善粉末流动性
12	冷压机	100~200t		冷压成型烧结钻头
13	石墨模具组	据要求		模具

一、热压烧结热设备

设备多采用湖北长江精工材料技术有限公司生产的 ZP 系列中频感应加热设备,如图 8-3 所示。该设备是数字化控制的感应加热设备,主要用于金刚石钻头的烧结制作。其主要功能参数如表 8-3 所示。

图 8-3 ZP-100 热压烧结设备

表 8-3 ZP-100 热压烧结设备功能参数

型号	ZP-100
额定输入功率	100kW
最大输出电压	750V
输入电源	三相 380V(±10%) 50Hz 或 60Hz
输出振荡频率	500Hz~4kHz
启动方式	零电压软启动和慢启动
负载持续率	100% 24h 连续工作
冷却水	冷却水压 0.15~0.30MPa;水温度:小于 45℃
压力	400kN
测温测试范围	400~1200℃ 非接触式光纤测温仪

二、设备的操作

烧结工艺可用工艺曲线或表格方式表示。该设备能够实现极为复杂的烧结工艺，每个工艺可设置包括 20 段温度、压力和时间数据，而整个智能单元可储存 60 组工艺。根据钻头的不同配方可设计不同工艺数据并存储起来。点击工艺号选择不同的配方进行烧结，形成不同性能的钻头产品。设计某钻头的烧结工艺如下（图 8-4）。

温度从 480~690℃ 斜率升温，到 3min 时达到 690℃，在 3~4min 时间间隔内保温 1min，在 4~5min 内斜率升温，到 5min 达到 860℃，在 5~6min 内保温 1min，在 6~7min 内斜率降温到 740℃，在 7~8min 时间间隔内保温 1min，在 8~8.5min 内斜率降温，到 8.5min 后停止加热，油缸回程。

压力从 13~45kN 斜率升高，到 3min 时升到 45kN，在 3~4min 保压 1min，在 4~5min 压力斜率升高到 65kN，在 5~6min 保压 1min，在 6~7min 压力斜率降低，到 7min 时降到 45kN，在 7~8.5min 时间内保压，到 8.5min 油缸回程。

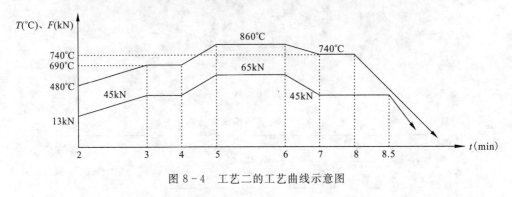

图 8-4　工艺二的工艺曲线示意图

设计好烧结工艺后，装上待烧结舟，即可启动，实现自动烧结。

第三节　孕镶金刚石钻头的设计

设计孕镶金刚石钻头时，必须了解地层的岩性特点以及钻探的设备状况和工艺规程，而后，进行有针对性的设计。设计内容包括钻头结构设计、配方设计、配方成型料的计算、模具的设计和烧结工艺设计等。本节主要介绍配方成型料的计算、模具主要参数设计和关键烧结工艺的设计。

一、金刚石钻头成型料的计算

钻头配方组分根据地层岩性和钻进工艺选择确定后，就需要进行粉体料和金刚石量的计算。

第八章 金刚石钻头的设计和制造

1. 胎体料的理论综合密度计算

理论综合密度按下式计算：

$$\gamma_{结} = \frac{G}{V} = \frac{100}{\dfrac{G_1}{\gamma_1} + \dfrac{G_2}{\gamma_2} + \cdots + \dfrac{G_n}{\gamma_n}}$$

式中，$\gamma_{结}$ 为结合剂理论综合密度（g/cm³）；γ_1、γ_2、$\cdots$、γ_n 为各组分的密度（g/cm³）；G_1、G_2、$\cdots$、G_n 为100g结合剂中各组分的重量。各组分比重大小可查阅表8-1。

2. 金刚石工作层料的计算

工作层料包括结合剂和金刚石的用量（表8-4）。

表8-4 配方中工作层各单粉的重量百分比和份重

名称	WC	Co	Ni	Mn	663Cu
重量百分比（%）	45	5	8	5	37
重量（g）	60.0	6.6	10.6	6.6	49.2

注：份重＝$G_{胎}$×各粉末的重量百分比。

1）工作层体积计算

$$V_{工} = V - V_{水口} = \frac{\pi}{4}(D^2 - d^2)h_1 - (A \cdot b \cdot h_1) \cdot n$$

式中，$V_{工}$ 为工作层体积（cm³）；V 为钻头完整环状唇面胎体体积（cm³）；$V_{水口}$ 为水口部分所占体积（cm³）；n 为水口个数；h_1 为工作层层高（cm）；b 为钻头底唇部宽度（cm）；A 为水口宽度（cm）；D 为钻头外径（cm）；d 为钻头内径（cm）。

2）金刚石用量计算

设金刚石浓度为 C，其对应的体积浓度为 C_v，则：

$$G_{金} = V_{工} \cdot C_v \cdot \gamma_{金}$$

式中，$G_{金}$ 为所需金刚石的重量（g）；$\gamma_{金}$ 为金刚石密度，$\gamma_{金}=3.52\text{g/cm}^3$，混合粒度金刚石再按各粒度重量百分比进行计算。注意金刚石体积浓度为金刚石浓度的1/4。

3）工作层胎体料用量计算

$$G_{胎} = V_{工} \cdot (1 - C_v) \cdot \gamma_{胎}$$

式中，$G_{胎}$ 为胎体料用量（g）；$\gamma_{胎}$ 为胎体料的综合密度（g/cm³）。

4）水口料用量计算

$$G_{水口} = V_{水口} \cdot \gamma_{胎} = A \cdot b \cdot h_2 \cdot n \cdot \gamma_{胎}$$

3. 非工作层粉料计算(表8-5)

表8-5 非工作层各单粉的重量百分比和份重

名称	WC	Co	Ni	Mn	663Cu
重量百分比(%)	45	5	8	5	37
重量(g)	54	6	10	6	44

1) 非工作层料体积计算

$$V_{非} = V_0 - V_\Delta = \frac{\pi}{4}(D^2 - d^2) \cdot h_2 - V_\Delta$$

式中,V_0 为非工作层环状体积(cm^3);V_Δ 为钢体连接部分凸台所占体积(cm^3);h_2 为非工作层高度(cm)。

2) 非工作层粉料重计算

$$G_{非} = V_{非} \cdot \gamma_{胎}$$

计算举例:金刚石热压钻头($\Phi94.8/\Phi73.4$)配料计算方法,如图8-5所示为基本尺寸。

(1) 钻头唇面环状面积。

$$S = \frac{\pi}{4}(9.48^2 - 7.34^2) = 28.3(cm^2)$$

(2) 工作层计算。

工作层体积:

$$V_{工} = (S - 10.5 \times 6 \times 10\ 个) \times 7$$
$$= 15.3(cm^3)$$

金刚石用量(体积浓度为20%):

$$G_{金} = (V_{工} \times 20\%) \times 3.52 = 10.8(g)$$

金属粉末用量:

$$V_{粉} = (V_{工} \times 80\%) = 12.3(cm^3)$$

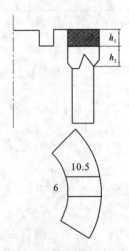

图8-5 钻头基本形状与尺寸

综合密度:

$$\gamma_{结} = \frac{100}{\frac{45}{15.7} + \frac{5}{8.7} + \frac{8}{8.8} + \frac{5}{7.3} + \frac{37}{8.8}} = 10.8\ (g/cm^3)$$

$$G_{胎} = \gamma_{结} \times V_{粉} = 10.8 \times 12.3 = 132.8(g)$$

3) 非工作层

$$V_{非} = \frac{\pi}{4}(94.8^2 - 73.4^2) \times 5 - 10.5 \times 6 \times 10\ 个 \times 5 = 11(cm^3)$$

$$G_{非} = \rho \times V_{非} = 10.8 \times 11 = 119(g)$$

4）水口料

采用单粉 Ni、Cu 和 Fe 粉压制，比例分别为 10％、40％和 50％，则水口料的综合密度为：

$$\gamma_{水} = \frac{100}{\frac{10}{8.8} + \frac{40}{8.8} + \frac{50}{7.8}} = 8.3(g/cm^3)$$

水口粉体积为：

$$V_{水} = 6 \times 10.5 \times 10 个 \times 5 = 3.15(cm^3)$$

水口粉重量为：

$$G_{水口} = 8.3 \times 3.15 = 26(g)$$

此时，水口粉各单粉的重量分别为：Ni＝10％×26＝2.6(g)；Cu＝40％×26＝10.4(g)；Fe＝50％×26＝13.0(g)。实际操作中单个水口料经验值一般取不低于 5g。

二、金刚石钻头的石墨模具设计

热压金刚石钻头的基本尺寸主要是由石墨模具决定的，石墨模具结构如图 8-6 所示。一套石墨模具由底模、心模、形模三大部分组成。石墨模具能经受高温（超过 1000℃）和较高压力（20～30MPa），高强石墨抗压强度达 35～95MPa。石墨为良好的电阻发热材料，高温不易氧化。通过大电流时，短时间内达到烧结温度，对钻头组合舟施以压力，即可获得强度高、致密性好、包裹金刚石牢固的钻头毛坯。

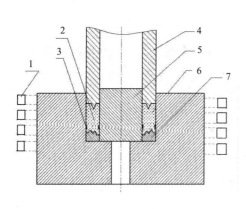

图 8-6　石墨模具装配图和烧结

1.感应圈；2.工作粉；3.保径聚晶；4.钢体；5.心模；6.底模；7.形模

1. 底模内外径设计和计算

底模控制钻头的外径和精度。底模内径的尺寸和精度影响钻头质量,配合不当还可能造成炸模事故。设计时,必须考虑模具热膨胀和钢体的收缩问题。

底模内径的设计:
$$D_i = D - \Delta D_1 + \Delta D_2$$

式中,D_i 为所设计的底模内径(mm);D 为钻头外径(mm);ΔD_1 为烧结温度下底模内径的膨胀值(mm);ΔD_2 为胎体外径的收缩值(mm)。其中:

$$\Delta D_1 = D_i \times \alpha_1 \times (t - t_0)$$
$$\Delta D_2 = (D + \Delta D_1) \times \alpha_2 \times (t - t_0)$$

式中,α_1 为石墨的线膨系数,可取 5.4×10^{-6}℃;t 为烧结温度(℃);t_0 为室温,取20℃;α_2 为胎体材料的线收缩系数,可近似地取为其线膨系数。对于常用的胎体材料,一般为 $\alpha_2 = (6 \sim 7) \times 10^{-6}/$℃。

因此,底模内径为:
$$D_i = \frac{D[1 + \alpha_2(t - t_0)]}{1 + \alpha_1(t - t_0) - \alpha_1\alpha_2(t - t_0)^2}$$

底模外径的计算:
$$D_0 = \alpha \times D_i$$

式中,α 为经验系数,一般取 $1.5 \sim 2.0$。

2. 心模外径的设计和计算

心模外径决定钻头内径,心模的高度取决于胎体材料的松装高度。心模外径为:
$$d_0 = d - \Delta d_1 + \Delta d_2$$

式中,d_0 为所设计的心模外径(mm);d 为钻头胎体内径(mm);Δd_1 为烧结温度下心模外径的膨胀值(mm);Δd_2 为胎体内径收缩值(mm)。

同样,得出心模外径计算公式为:
$$d_0 = \frac{d[1 + \alpha_2(t - t_0)]}{1 + \alpha_1(t - t_0) - \alpha_1\alpha_2(t - t_0)^2}$$

3. 钢体外径的设计和计算

钢体外径 D_s 与底模内径 D_i 之间要有一定间隙,以防止烧结过程中将底模胀裂。其计算公式为:
$$D_s \leqslant \frac{D_i[1 + \alpha_1(t - t_0)]}{1 + \alpha_s(t - t_0)}$$

式中,α_s 为钢体的线胀系数,对于 45# 钢材 $\alpha_s = (14 \sim 15) \times 10^{-6}/$℃。

三、热压工艺设计

在热压金刚石钻头制造过程中,胎体配方和热压工艺是保障质量的关键环节,两者相互影响,密不可分。热压工艺包括热压温度、升温速度、保温时间、出炉温度及烧结压力等。达到优化的工艺条件才能生产出高品质的金刚石钻头,最终实现优化的密度、硬度和抗弯强度。关键因素如图8-7所示。

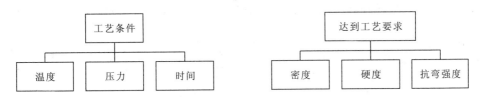

图 8-7 热压烧结工艺和品质影响因素

1. 热压温度

设计钻头烧结工艺的主导思想是胎体中的黏结金属最少流失,胎体的密度达到设计目标,胎体的合金化程度符合要求,对金刚石的包镶牢固度尽可能大,要实现这些目标,热压温度的设计显得十分重要。

热压金刚石钻头不同于其他的金刚石工具,因为金刚石钻头的胎体中骨架材料(如WC)含量高,而黏结金属铜合金的含量也很高,按照通常粉末冶金中设计热压温度的基本理论,以胎体中主要成分熔点的70%~80%作为热压温度的设计依据。若以WC的熔点作为设计依据,其烧结温度非常高,而以铜合金的熔点作为设计依据,则烧结温度很低,两者相差甚大,很难达到统一,热压出来的钻头质量难以得到保证。因此,如果热压温度与保温时间设计不合理,有可能使钻头胎体产生很大的应力,直接影响钻头质量和使用效果。热压温度的确定只能用实验来求解最优答案。

金刚石钻头胎体配方中骨架金属材料含量高,要求烧结温度高,这样才能保证胎体充分吸收到所需的熔解热。同时,又要考虑黏结金属的含量高低以及黏结金属的熔点。温度过高,则可能出现黏结金属流失加剧(常说的流汗),胎体成分会产生偏析,其结果使产品质量达不到要求或质量不稳定。

热压碳化钨基胎体金刚石钻头的工艺中,烧结温度一般设计在960~1050℃之间,而热压压力设计在15~20MPa之间;当碳化钨含量高时,一般热压温度与压力取上限值,相反则取下限值。提高烧结温度,延长保温时间,提高烧结压力都可以提高胎体的耐磨性。

2. 升温速度

对于热压人造金刚石钻头,烧结过程中的升温速度,一直存在两种不同看法,有的主张慢速度升温烧结法,有的则主张快升温快速烧结法。首先要从胎体配方考虑,其次要从钻头规格与类型加以考虑,最后还应依据加热方式和设备能力加以考虑。通过试验、分析和总结,确定最佳升温速度。

(1)胎体配方是决定烧结温度的高低和决定升温速度的重要因素。对于升温速度,在保证钻头处于活化烧结状态,保证钻头能充分合金化的前提下,尽可能以较快升温速度烧结。一般升温速度以 100～120℃/min 为宜,电阻炉烧结取下限值,而中频电炉烧结取上限值;升温初期取下限值,温度升至 600℃ 后可以取上限升温速度。

(2)钻头的规格大小也是升温速度的考虑依据之一。一般来说,钻头直径越大,胎体的体积越大,所需熔解热越多。如果取较低的升温速度,升温时间将延长,黏结金属的流失会增加,影响钻头质量的稳定性。快速升温可能导致喷粉现象;同时,必须增加保温时间,在高温下保温,对金刚石的热损伤将增加,会对钻头质量带来不利影响。综合其利弊,大直径钻头宜采用较快的升温速度。

(3)加热方式与设备能力也是升温速度应考虑的因素。一般来说,中频电炉的升温速度高于电阻炉的升温速度,可以采用较高的升温速度。

(4)升温速度:胎体温度在 600℃ 之前,采用 100℃/min 的速度升温;600℃ 之后可以采用 120℃ 速度升温。为了减少模具内外温差,在 800℃ 时保温 1min。金刚石钻头烧结好之后,随炉降温至某温度值,卸压出炉,出炉后采取一定措施使其缓冷至室温。

3. 保温时间

为了使钻头胎体在"合金化"过程中均匀而充分的收缩,在烧结温度下,还必须保持足够的保温时间。对于 WC 基胎体,为了使 WC 晶粒充分球化,以提高其韧性,适当地增加保温时间是必要的。

中频电炉升温速度高于电阻炉的升温速度,中频电炉是感应加热升温,其温度是由表及里的过程,石墨模具的表面与模心存在明显的温度差。因此,中频电炉烧结钻头应采用稍长的保温时间。保温过程实质上是胎体金属粉末在模具内吸收熔解热、熔化、浸渍、黏结胎体材料和金刚石的过程。这个过程应有足够的时间来保证,保温时间至少要比胎体吸收熔解热的时间长 3～5min。中频电炉烧结钻头的保温时间在 5～8min,而电阻炉烧结钻头的保温时间在 3～5min。

保温时间的长短,主要取决于钻头的大小,对于大而厚的钻头(例如绳索取心钻头)胎体要求保温时间较长;对于小而薄的钻头(例如薄壁钻头)胎体则可适当缩短保温时间。

如果保温时间太短,会使钻头欠烧,产生黑心;如果保温时间过长,会使钻头胎体发生成分上的变化(如脱碳、渗碳、金属过多挥发、偏析等)。在一般情况下,钻头的保温时间可采用钻头的有效直径与热透率来计算：
$$T = kD$$
式中，T 为所需保温时间(min)；D 为钻头直径(mm)；k 为热透率,通常取 0.06～0.08(min/mm)。

4. 烧结压力

金刚石钻头的压力设计采用分阶段加压程序，一般分预压和全压两个阶段。对于中频炉烧结，也有不预加压力的。考虑在升温初期，钢体与非工作层必须密切接触以保证钢体与焊接层的牢固联结，同时考虑到胎体粉料不出现偏析和分选，应该加一定的预压。

预压一般取全压的 1/5～1/4，也有取值更小的。因为预压力若过大，随温度不断升高，一是容易损坏模具，造成钻头报废，二是在压力作用下，低熔点金属成梯度析出，影响胎体性能的均一性。全压的确定要考虑胎体配方、烧结温度、保温时间等因素，一般取值为 14～18MPa。加全压必须是在保温阶段，即在胎体金属粉末吸收熔解热后，较缓慢地加全压为好，这样才有利于事先混合均匀的胎体金属形成应有的合金胎体。同时，保压的时间不一定要和保温时间一样长，往往是当保温开始后，压力才逐步升高至全压力，这样有利于预防模具破裂。压力增加可以提高胎体的密实性，因此可以适当提高压力来调节胎体致密性，提高耐磨性。压力继续增加，硬度升高不明显。

5. 出炉温度

降温出炉的温度，应根据黏结金属的液相线确定。以黏结金属 663Cu 为例，高温出炉温度一般适用于电阻炉烧结工艺。电阻炉烧结的特点是升温速度缓慢，炉内保温较好。而对于中频炉烧结方法来说，当保温—保压停止后，约 3min 时间，钻头与模具的温度就可以下降到 800℃ 或更低，其降温速度大于电阻炉烧结的降温速度。此时钻头胎体合金的金相已经形成，内应力已经产生。内应力是钻头胎体出现裂纹或掉块的主要原因。内应力产生的根源是钻头的不同组成材料(胎体材料、金刚石、保径材料以及钢体，甚至包括石墨模具等)具有不同的膨胀与收缩系数所致，其产生过程取决于烧结温度、保温时间和降温速度。当钻头胎体凝固形成金相之后，由于钻头与模具内外降温速度的不同，存在着温度差以及不同胎体材料的不同膨胀与收缩系数，钻头的降温过程也是内应力的产生过程，产生的内应力大小与降温速度和温度梯度有直接的关系。因此，实践中需要根据配方选择适宜的出炉温度。

第四节 孕镶钻头的制造工艺

孕镶金刚石钻头加工制造工艺分为3个部分,即粉料预装工艺、热压烧结工艺、机加工工艺,这三部分的工艺对孕镶金刚石钻头的最终性能都有一定的影响,其中尤以热压烧结工艺最为重要。

孕镶金刚石钻头的加工工艺流程如图8-8所示。

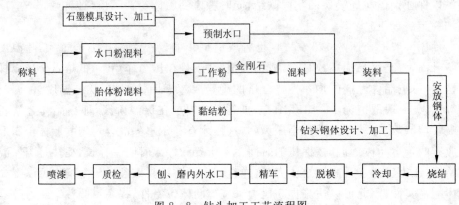

图8-8 钻头加工工艺流程图

1. 装模

(1)准备工作,包括金刚石工作层的混料、非工作层(黏结层)的混料和水口料的混料。首先进行配方粉末混料,混料时间根据混料机效率确定,混料时间一般为1~4h,然后准确称量分配工作层粉和非工作层粉,其中,在工作层粉中加入经过酒精甘油液润湿的金刚石,继续混料一段时间,三维料机再混时间,一般为30~40min。称好份重,准备好石墨水口料和水口粉。装模前,还要检查模具的质量情况,如有无损伤、氧化程度、配合是否良好等。

(2)将旋转托盘置于水平的工作台上,保障能自由旋转装料。

(3)组装底模、心模以及形模。形模决定钻头底唇面形状。

(4)把事先经过线切割成型的装料块(多个扇形柱体)和石墨水口块按顺序装入料腔中,保证一定的装配间隙。此时水口块以上的装料块凸出其他装料块。

(5)抽出其中一个凸出的装料块,加入定量的水口粉,并捣实。

(6)逐个抽出凸出装料块,加入水口粉,完成全部水口粉的装料过程。

(7)再抽出其他钻头唇面处的装料块,按份重分别加入含金刚石的工作层粉料至料腔中,捣实。注意防止工作层料掉入水口料中。

(8)进入加非工作层粉环节。该环节的粉料分 2 次加入。第一部分粉加入捣实后,插入内外保径用的聚晶,一般聚晶位置离水口线位置 3~4mm,离工作层 1.5~2.5mm。最后加入剩下的非工作层粉捣实。为保障聚晶的定位,最好胶住聚晶。

(9)清洁钻头钢体和模具表面浮灰,小心把钢体放入粉料腔上部,保证不歪斜。

(10)组件置于中频设备感应圈中进行下一步烧结工艺。

有的厂商为了提高钻头生产效率和改善钻头唇面的切割性能,把工作层、非工作层以及水口部分分别冷压成型为块料,形成扇形块状结构。装模时,在钻头钢体和块料之间再增加黏结金属粉末,装模效率提高,同时工作扇形块可根据地层岩性制成三明治结构,极大地提高钻头的切割效率和适应能力。

2. 热压烧结

(1)热压烧结中影响产品质量的主要因素是烧结温度、保温时间、压力及出炉温度等。结合剂不同,烧结方式不同。

(2)热压操作步骤。装模→置于热压板上待烧→施预压→升温→施全压→保温并不断补压→降温→卸压出炉,按工艺曲线执行。

在烧结过程中,可能产生的事故如表 8-6 所示。分析原因后,采取预防措施完成钻头的加工过程。

3. 钻头的后加工

测水口处硬度→车外圆达要求→粗车内圆留 0.5mm 余量→车长度达要求→精车内圆达要求→车连接端丝扣→以钢体外圆为基准磨胎体内、外圆→刨(磨)水口→刻字→交检→入库。

表 8-6 热压法生产金刚石钻头常见事故分析与预防处理

事故	现象	原因	预防措施
钻头脱环	钻头脱环就是钻头胎体与钢体分离,分离的界限是胎体与钢体的连接部位	①钻头钢体端面不清洁:油污、铁锈等污物,致使胎体与钢体黏结不牢。②组装钢体时,表面上有一层石墨粉或灰尘,装料时毛刷将其一起扫入底模内,致使胎体与钢体黏结不牢。③钢体端面内径没有进行倒角,在组装钢体时,钢体内径边缘尖角将模心刮下一些石墨粉,掉入胎体粉料表面上,而使胎体与钢体黏结不牢。④胎体粉料不清洁,混入杂物。⑤胎体粉料氧化,除影响包镶金刚石的能力外,也影响了胎体与钢体的黏结牢固度。⑥在烧结硬胎体钻头时,过早卸压出炉也是原因之一。胎体与钢体膨胀系数不同,过早卸压,使胎体与钢体处于自由状态,当它冷却收缩后,必然产生分离现象,造成钻头脱环。⑦硬胎体钻头出炉后冷却速度过快,胎体内部产生应力集中,胎体出现裂纹,也将影响胎体与钢体的黏结强度。⑧在烧结过程中,由于某种原因造成温度不够,压力不足,胎体致密化不好,也是胎体脱环的一个原因	①钢体端面要处理、清洁。在配模时钢体端面用锉、砂纸、锯条等清除铁锈和油污,使其端面粗糙,然后在组装前用丙酮清洗钢体端面。②组装前底模表面、内孔用吸尘器彻底清除灰尘石墨等杂物。③钻头钢体内径端面处一定要倒角,处理钢体时要清除钢体内径的毛刺和尖角,防止组装时划破模心。④要保持胎体粉料的清洁,散落弄脏的粉料不能再用。保存胎体粉料时要密封,使用时装粉料的器皿要加盖,防止灰尘落入。⑤混料前对各种金属粉料要进行观察,发现变色、结块时不能再用。⑥烧结钻头时,要严格按工艺要求进行,测温度、压力的仪器仪表出现问题时,要及时进行检修
模心上漂	模心上漂,即在烧结过程中,模心向上位移,致使钻头报废	①钢体与模心配合过松,是产生模心上漂的主要原因。由于模心与钢体配合间隙大,模心上下活动自由,当胎体熔化时,由于压力作用溶液浸入模心底部,迫使模心上升,造成模心上漂。②模心与唇垫配合间隙过大。③加全压时间过晚,导致模心上漂。在烧结过程中开始升温时预压,当胎体粉料达到熔融状态时,需要加全压。如果过晚,胎体粉料变成易流态时,再加全压产生抽吸作用,一是造成胎体粉料流失过多,二是容易产生模心上漂	①模心与钢体配合间隙应在 0.05～0.10mm 之间,即用手可以压入,又不能自行脱出,模心能自行脱出的不能使用。②模心与唇垫配合要合适,即在公差范围内紧密配合。③在烧结过程中加全压应在 650℃ 之时,不能拖后
炸模	在热压烧结过程中,底模炸裂致使钻头报废	①钢体与底模配合间隙过小,由于二者线膨胀系数不同,在升温中必然炸模。②烧结过程中,模具位置处于感应圈下部,升温时钢体受热快而温度高,底模受热慢而温度低,即使配合间隙合适也易炸模。③烧结过程中升温速度过快,由于磁性作用也会产生钢体与模具升温不同步,造成炸模。④石墨本身有裂纹,在配模时又没有发现,也是炸模的一个原因。⑤石墨本身的抗压强度低或作为底模的石墨料直径不够大而导致炸模。因为底模所受侧压力是正压力的 1/4 左右,底模壁厚太薄也易炸模	①避免钢体与底模的配合间隙过小。②在烧结过程中,组装模具一定要置于感应圈中心,要严格控制升温速度,特别是 20～600℃ 区间,不同规格钻头,升温速度应控制在 3～10℃/S 之间。③配模时要详细检查底模是否有裂纹,发现裂纹即报废,在退模时,不要强敲硬摔,防止底模炸裂。④石墨抗压强度低于 45MPa 的一定不能作热压烧结的底模模具使用。同时做大直径钻头时要用石墨直径大些的石墨底模,一般石墨底模直径 D 为 1.8～2 倍的钻头规格直径

续表 8-6

事故	现象	原因	预防措施
喷粉	在烧结升温过程中，粉料由模具中喷出，造成钻头工作层粉料混乱	发生这种情况时，应立即关机，拿下组装模具，冷却后，将胎体粉料过筛，取出金刚石和聚晶，重新进行组装。①喷粉的原因主要是粉料、模具潮湿所致。喷粉多半发生在夏季潮湿季节，尽管模具经烘箱烘烤，取出后仍然在吸潮。②另一个原因是升温太快，产生气体多，排气不畅造成喷粉。③在混合有金刚石的粉料时润湿金刚石过程中甘油放的量过多也是喷粉的原因之一	①防止金属粉料受潮，用后也要密封，一般存放不超过 7 天，雨季不超过 3 天。②要严格控制加热升温速度，一般应在 2～3℃/S 之间。③如果粉料受潮，在烧结时先不加预压，升温速度控制在 2℃/S 以下，让模具中的气体缓慢排出，当温度达到 300℃时（即钢体表面颜色开始发蓝时）加预压，再提高升温速度。④配好的底模、模心、唇模垫应放在烘箱内升温到 250℃，保温 2～4h，待彻底干燥后再进行组装。⑤雨季组装好的钻头到烧结时的时间间隔不应超过 4h，以防模具吸潮后又发生喷粉

主要参考文献

陈宏钧,马素敏. 车工操作技能手册[M]. 北京:机械工业出版社,1998.

陈隆德,赵福令. 互换性与测量技术基础[M]. 大连:大连理工大学出版社,1997.

成大先. 机械设计手册[M]. 北京:化学工业出版社,2003.

国土资源部人力资源开发中心. 固体矿产钻探工(初级、中级、高级)[M]. 北京:地质出版社,1999.

黄云清. 公差配合与技术测量[M]. 北京:机械工业出版社,1997.

机械工业职工技能鉴定指导中心. 车工技术[M]. 北京:机械工业出版社,2001.

机械工业职工技能鉴定指导中心. 刨、插工技术[M]. 北京:机械工业出版社,1999.

技工学校机械类通用教材编审委员会. 机械基础[M]. 北京:机械工业出版社,1980.

姜明和,陈师逊,张海秋. 固体矿产资源勘查钻探工艺学[M]. 济南:山东科学技术出版社,2013.

李国民,肖剑,王贵和. 绳索取心钻探技术[M]. 北京:冶金工业出版社,2013.

李继志,陈荣振. 石油钻采机械概论[M]. 东营:石油大学出版社,2000.

李世忠. 钻探工艺学[M]. 北京:地质出版社,1992.

李维荣. 五金手册[M]. 北京,机械工业出版社,2003.

孙桓,陈作模. 机械原理[M]. 北京:高等教育出版社,1997.

汤凤林,A.Г.加里宁,段隆臣,等. 岩心钻探学[M]. 武汉:中国地质大学出版社,2009.

王巍. 机械制图[M]. 北京:高等教育出版社,2009.

徐鸿本. 实用五金大全[M]. 武汉:湖北科学技术出版社,2004.

鄢泰宁,孙友宏,彭振斌,等. 岩土钻掘工程学[M]. 武汉:中国地质大学出版社,2001.

杨惠民. 钻探设备[M]. 北京:地质出版社,1988.

杨可桢,程光蕴,李仲生. 机械设计基础[M]. 北京:高等教育出版社,2006.

张惠. 岩土钻凿设备[M]. 北京:人民交通出版社,2009.

张建刚,胡大泽. 数控技术[M]. 武汉:华中科技大学出版社,2000.

张卫东,等.AutoCAD2014中文版从入门到精通[M].北京:机械工业出版社,2013.

赵罘,龚堰珏,张云杰,等.SolidWorks 2010从入门到精通[M].北京:科学出版社,2010.

赵月望.机械制造技术实践[M].北京:机械工业出版社,2000.

郑志祥,徐锦康.机械零件[M].北京:高等教育出版社,2006.

中华人民共和国第一机械工业部统.钳工工艺学(初级本)[M].北京:科学普及出版社,1982.